JN171931

『甲陽軍鑑』の悲劇

闇に葬られた信玄の兵書

浅野裕一・浅野史拡

ぷねうま舎

装丁＝春井　裕
ペーパースタジオ

そして　こどもたちは、ふえふきおとこのあとを　ついていきます。
ねずみのときと　おなじです。
まちのひとびとは、じぶんのこどもが
まえに　ねずみが　したのと　おなじように
ふえふきおとこのあとを　スキップをしながら　ついていくのをみても、
どうすることもできません。

——グリム原作、いもとようこ文絵『ハーメルンのふえふき』金の星社、二〇一五年

まえがき

春日源助は美少年である。親とは幼少のうちに死別した。父の土地を相続したかったが、それをめぐって姉婿と訴訟になり、敗れてしまう。敗訴を言い渡され、その麗しい容（かんばせ）に影がさした時、彼の運命は大きく変化した。

土地争いには敗れたが、その訴訟の席で、彼の美貌がある人物の目に留まったのである。

源助を見初めた男は晴信といった。

晴信、二十二歳。源助、十六歳。

二人は主従の関係となり、心を通わせ、身体を許し合った。

後に晴信は信玄となる。言わずと知れた武田信玄である。

源助は源五郎となり、その後、昌信、あるいは虎綱、つまりは高坂弾正（こうさかだんじょう）となる。

信玄とて人間である。始めから完成されていたわけではない。卓越した政治家、偉大な将帥、そうなるべく修練したからこそ、世に知られる信玄になったのである。研鑽に励む若き日々があったのであり、そのような時に二人は出会っている。

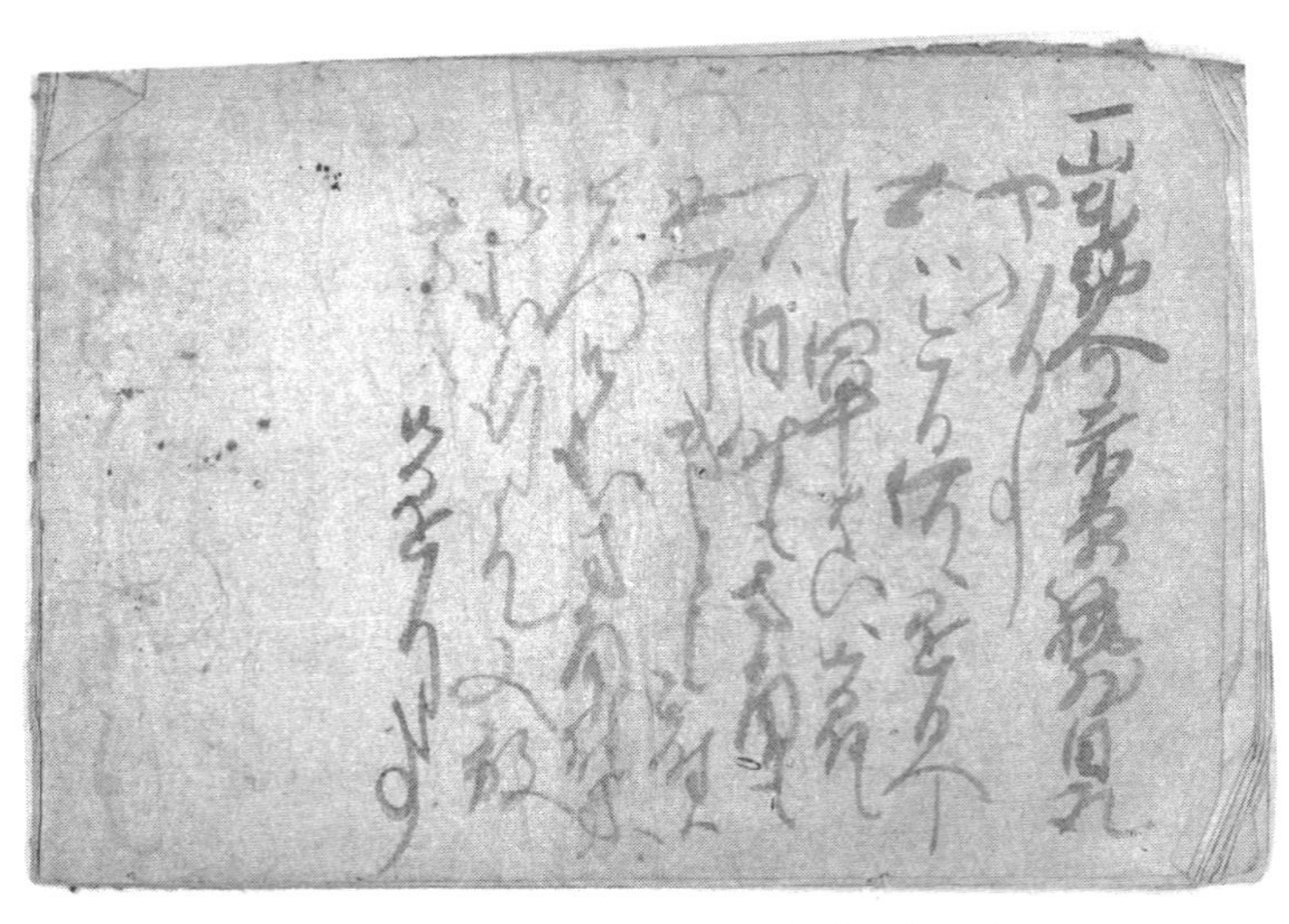

『甲陽軍鑑』江戸期写本（筆者所蔵）．冒頭に山本勘介の名が見える．

理想や、苦悩や、それらにまつわる熱っぽい、または寂しげな情感の言の葉を、晴信は腕の中の源助に聞かせただろう。源助はそれを、晴信の胸の音を感じながら聞いただろう。そうしながら、源助は考えたはずである。

俺は、どうやってこの方を支えていけばいいのだろうか。

源助は晴信の特別だった。忠節を尽くすだけではただの家臣であり、愛するだけでは恋人に過ぎない。源助にとって、晴信は特別、いや、唯一だったろう。

俺は、どうすれば。

信玄の死から三年、長篠合戦（ながしののかっせん）があった。勝頼の指揮した武田軍は大敗し、信玄以来の将兵は、百人中一人二人しか生き残らなかった。

海津城を守備していた高坂弾正は死にそびれた。意気消沈、茫然自失の勝頼を出迎えたのは弾正である。当主勝頼は生き残った。だが、武田家は存亡の危機に瀕している。

信玄はもういない。信玄に仕えた多くの家臣も死んだ。

この惨憺たる敗戦の事実を受け止め、反省し、再起を期すために、弾正は信玄時代の諸事を、そして信玄の人格や作法その他諸々を、勝頼やそれを支える家臣たちに伝えねばならぬと決意する。

痛めた胸から手を離し、弾正は筆を執った。

執った筆を、率直に振った。それを補佐した彦十郎、惣次郎もまた同じようにした。

こうして書かれたのが『甲陽軍鑑』である。

弾正は天正六（一五七八）年に死ぬ。それまでの三年間、『甲陽軍鑑』を書いた。弾正の死後は甥の春日惣次郎が書き継いだが、天正十年、武田家は滅亡する。

高坂弾正.

江戸時代、『甲陽軍鑑』から武士道と兵法を抽出し、小幡景憲が甲州流兵学を確立すると、『甲陽軍鑑』はその教典として広く読まれ、信玄の人格や作法は武士の手本として敬われるようになった。

武田家は滅んでしまったが、信玄の遺風は甲斐・信濃を遥かに越え日本全土に伝わったのである。

明治になった。

武士の世が終わり、学士の世となる。

明治二十四（一八九一）年、『甲陽軍鑑』は偽書であるという学説が唱えられた。以後、『甲陽軍鑑』の記述は信用ならないでたらめだと誹られるようになる。

そしてそれは、今日まで続いている。

本書は、次のような二部構成で現状に一石を投じたい。

第一部『甲陽軍鑑』の兵学思想――上方兵学との対比

第二部『甲陽軍鑑』偽書説をめぐる研究史――偽書説はなぜ生まれたか

見た通りで、第一部は『甲陽軍鑑』の兵学思想を扱った研究であり、第二部が研究史である。

筆者、浅野史拡（ふみひろ）は第二部を担当し、第一部は浅野裕一、筆者の父が書く。

日本中世史を専攻した一人として、『甲陽軍鑑』読者の一人として、『甲陽軍鑑』の汚名を雪ぐため、微力を振り絞ったつもりである。『甲陽軍鑑』が偽書なのかどうか、考えるきっかけにしていただければ幸いである。

二〇一六年　六月七日

浅野史拡

『甲陽軍鑑』の悲劇◆目次

第二部　『甲陽軍鑑』偽書説をめぐる研究史
——偽書説はなぜ生まれたか——

第一部

『甲陽軍鑑』の兵学思想

――上方兵学との対比――

川中島．信玄と謙信の一騎討ち．

第一章　中国兵学と日本兵学

中国兵書が最初に日本に渡来したのは、古く奈良朝以前に遡る。以後伝来した中国兵書は、「孫呉（そんご）韜略（とうりゃく）」と称された「武経七書（ぶけいしちしょ）」の系列と、『易』や陰陽五行思想を取り込み、卜筮（ぼくぜい）や観天望気（かんてんぼうき）を説く陰陽流兵書の系列とに大別できる。

この両者のうち、戦国期に隆盛を極めたのは、軍配術として発達した陰陽流兵学の側であった。＊ 一方「孫呉韜略」の側も、吉備真備（きびのまきび）が太宰府で『孫子』九地篇を講説し、大江匡房（まさふさ）が源義家に『孫子』行軍篇の「鳥の起つは伏なり」を口授した例が示すように、兵学者の間に伝承はされていた。しかし軍配師の流行に比較すると浸透度は低く、江戸期に入るまでは、「七書」が本格的に研究される現象は見られなかったのである。

＊　しかし、戦国期の合戦がもっぱら軍配師の判断のみを頼りに行われたわけでは決してなく、戦国大名の用兵を修験者・山伏の類と同一視するのは誤りである。中国兵学の受容とは別に、武士の発生以来、種々の戦術が独自に案出され蓄積されていたのであって、軍配術もむしろそれらを粉飾する手段として流行したのである。陰陽流兵学の詳細については、拙稿「『六韜』の兵学思想——天人相関と天人分離」（『島大国文』第一

〇号、一九八一年、後に拙著『黄老道の成立と展開』創文社、一九九二年、第三部第二章に収録）参照。なお日本に伝存する陰陽流の兵学書としては、『訓閲集軍気巻』（『日本兵法全集6　諸流兵法』上、人物往来社、一九六七年所収）が典型的なものである。

その理由は、彼我の国情が大きく相違したところにある。『甲陽軍鑑』の中で武田信玄は、「唐より日本へわたりたる軍書を見聞たる斗にては、人数を賦、陣取をとりしき、堺目の城構等の、よき軍法を定むる事、成がたくおぼえたり」（品第廿五）と語る。[*] すなわち中国渡来の兵法書を読んだだけでは、軍を編制して部隊を配置したり、陣地を構えたり、国境近辺に城郭を築いたりする場合、最適の軍法を定めることは難しいというのである。

＊　以下『甲陽軍鑑』の引用は、人物往来社刊・戦国史料叢書に収める磯貝正義・服部治則両氏校注の明暦二年本に拠る。なお引用に際しては、両氏が付す『甲陽軍伝解』との異同を参酌して、適宜字句を補った箇所がある。

また信玄に軍師として仕えた京流の兵学者・山本勘介は、「唐の軍法、一に魚鱗、二に鶴翼、三に長蛇、四に偃月、五に鋒矢、六に方圓、七に衡軛、八に井雁行、是よきと申ても、日本にては皆合点仕らず候」（品第廿七）と、中国の兵法では、八種の陣形、八陣を尊ぶが、日本では納得がいかないと述べる。[*1] 彼我の国情が大きく異なるため、中国兵法をそのまま日本に適用しようとしても、うまくいかないというのである。『孫子』軍争篇の一節を軍旗に掲げる武田家にして、なお実態はかくのごとくであった。[*2]

＊1　一九七二年に山東省臨沂県銀雀山の前漢墓から、春秋時代の孫武に関する『孫子兵法』と、戦国時代の孫臏に関する『孫臏兵法』が出土した。その『孫臏兵法』八陣篇には、「陣を用うるに参分し、陣誨に鋒有り、鋒誨に後有りて皆令を待ちて動く。闘は一、守は二にして、一を以て敵を侵し、二を以て収む」と、兵力を三分割し、先鋒一、後衛二の比率で位置する陣形が示される。これは、布陣する場合の一般的・原則的陣形で、陣の側縁が末広がりの八の字形になるところから、八陣と称され、後代の魚鱗の陣に相当する。さらに『孫臏兵法』十陣篇では、「凡そ陣に十有り。枋（方）陣有り、員（円）陣有り、疏陣有り、数陣有り、錐行の陣有り、雁行の陣有り、鈎行の陣有り、玄襄の陣有り、火陣有り、水陣有り」と、一般形以外の、特殊な状況と用途に応じた十種類の陣形を示し、それぞれの運用法を詳細に解説する。

＊2　戦国時代の武田家には、合戦を控えた本陣に、日の丸を描いた御旗と楯無しの鎧を据える作法があった。また武田家の軍旗の中には、『孫子』軍争篇の一節、「其疾如風、其徐如林、侵掠如火、不動如山」を記したいわゆる「風林火山の旗」が存在した。武田家ではこの「風林火山の旗」を「孫子の旗」とも称した。

中国兵学への拒絶反応をより公然と表明したのは、大江家所伝とされる軍書『闘戦経』である。そこでは、「漢の文には詭譎有り、倭の教えは真鋭を説く」（第八章）と、詭詐・権謀を重視する中国兵学が否定され、真っ向から敵と戦う日本兵学の優位が賞揚される。[*]とりわけ『孫子』に対する非難は激越で、「孫子十三篇は、懼字を免れず」（第十三章）と、臆病者の兵学として否定され、「軍なる者には、進止有るも、奇正無し」（第十七章）と、「凡そ戦いは、正を以て合い、奇を以て勝つ」（勢篇）とする『孫子』が排斥される。

＊『闘戦経』は作者・著作時期ともに不詳で、その序文によれば、大江維時もしくは大江匡房とされているが、今のところ確認できない。しかし巻末に、天正から元和にかけて匡房を祖と仰ぐ源家古法を確立した橘正豊の跋があり、また源家古法では以後『闘戦経』が枢要な教典として伝授されていることから、その成立は遅くも室町末より前と推定できる。

こうした兵学上の民族主義的意識は、地勢や兵器の相違もさることながら、おもに彼我の軍隊構成の差異に由来する。数十万の一般農民を徴募して軍を編制する春秋末から戦国期の中国にあっては、個々の兵士の勇戦に多くを期待することはできず、勝利の鍵はもっぱら敵を欺く詭計に求められる。これに対して中国式の律令体制が崩れた平安後期以降の日本では、軍は身分戦士たる武士によって構成された。したがって勝敗の帰趨に対し、個人的武勇が占める比重は、中国よりもはるかに大きい。そこには自ずと武勇を至上とする生活信条が、武士道として形成されてくる。

　また古代中国の場合は、軍隊は国家の君主の所有であり、君主は戦争のたびに、臨時の官職として、卿や大夫など貴族の中から適任者を選んで、将軍に任命する。将軍とは、「軍を将いる」者の意味である。春秋末以降は、貴族以外に孫武や呉起のように、用兵家が将軍職に任命される例が出てくる。古代日本で、東北地方の蝦夷を討伐するため、坂上田村麻呂や文室綿麻呂などをその時々征夷大将軍に任命したのは、律令制に基づく中国式のやり方に倣ったものである。

　そのため古代中国では、前線で作戦行動中の将軍に対し、君主はしきりに割り符を持たせた使者を派遣して、進撃して戦えとか、そこに止まれとか、後方へ退却せよとか、自分の命令を伝える。そればかりか、軍隊には各種の官吏が随行して、兵士の規律維持や、装備品や糧秣の管理などを行う。要するに古代中国の将軍は、文官統制の下に置かれた雇われマダムのような存在で、決してオーナーではない。そこで『孫子』は、こうした状況を前提に、君主と将軍の在るべき関係を次のように述べる。

○故に君の軍を患わす所以の者は三なり。軍の以て進むべからざるを知らずして、之に進めと謂い、軍の以て退くべからざるを知らずして、之に退けと謂う。是を軍を縻ぐと謂う。三軍の事を知らずして、三軍の政を同じくすれば、則ち軍士は惑う。三軍の権を知らずして、三軍の任を同じくすれば、則ち軍士は疑う。三軍既に惑い疑わば、諸侯の難至る。是を軍を乱して勝を引くと謂う。（謀攻篇）

○將の能にして君の御せざるは勝つ。（謀攻篇）

○君命に受けざる所有り。（九変篇）

○卒の強くして吏の弱きは、弛むと曰う。吏の強くして卒の弱きは、陥ると曰う。大吏怒りて服さず、敵に遭わば懟みて自ら戦い、將も其の能くするところを知らざるは、崩るると曰う。（地形篇）

○主は怒りを以て軍を興すべからず、將は慍りを以て戦うべからず。（火攻篇）

このように古代中国の将軍は、一方で敵と戦いながら、一方では軍の統帥権をめぐって、軍事に無知な君主や、軍に同行する官吏との関係調整に腐心しなければならなかった。

ところが日本では、戦国大名は自らが領地と人民を統治する君主であると同時に、軍隊の招集権や指揮権を握る将軍でもある。戦国大名は、分国法を定め領主裁判権を行使するなど、立法・司法・行政の全権を掌握し、平時には領国経営や外交交渉を行いながら、戦時には自らが大将として軍を率いて戦うのである。したがって『孫子』が説くように、君主と将軍が別人で、両者の間に統帥権をめぐる軋轢が生じたり、将軍が君主によって解任される事態は、原理的に起こらない。だがそれだけに、君主の個人的資質が占める比重は決定的であり、代替わりによって軍事力が一挙に弱体化する危険性もつきまとうのである。この点も、古代中国と戦国期の日本との大きな違いである。

『孫子』を臆病者の兵法として否定した『闘戦経』は、「呉起書六篇は、常を説くに庶幾(ちか)し」（第二十三章）と、『呉子』をまっとうな兵学として評価する。それは呉起が猛訓練を施した精鋭部隊で戦い、戦闘力の強さで勝つよう教えるからである。* そのため『呉子』には、「呉子曰く、凡そ兵戦の場は、立ちながら屍となるの地なり。死を必すれば則ち生き、生を幸(ねが)わば則ち死す。其れ能く将たる者は、漏船(ろうせん)の中(うち)に坐し、焼屋(しょうおく)の下(もと)に伏せるが如し」「三軍の災は狐疑より生ず」（治兵篇）とか、「師出ずるの日、死の栄(ほま)れ有りて、生の恥無し」（論将篇）と、勇猛果敢さを求める色彩が濃厚である。こうした『呉子』の特色が、勇戦奮闘を貴び、「兵道とは、能く戦うのみ」（第九章）とする『闘戦経』の思想と合致したため、「戦わずして人の兵を屈する」（謀攻篇）よう求める『孫子』が否定されて、『呉子』が高く評価されたのである。

＊　呉起は魏の文侯(ぶんこう)に将軍として仕え、秦の攻撃から黄河の西岸である西河の地を防衛する任務に就いた。呉起が魏で特別な訓練を施した精鋭軍を育成したことは、『戦国策』秦策や『呂氏春秋』貴卒篇、『韓非子』和

氏篇などに見える。また『荀子』議兵篇にも、魏軍が選抜した武卒により構成されていたとの記載がある。

日本兵学の典型である甲州兵学の書、『甲陽軍鑑』を貫いているのも、そうした武士の生活意識に根ざし、武勇の発揮をこそ武道の誉れとする思想であった。そこで『甲陽軍鑑』が記す、織田信長や豊臣秀吉など上方兵学への批判を通して、甲州兵学の特色を考察することとしたい。

第二章　武田信玄の美学

『甲陽軍鑑』は二十巻・五十九品から成り、武田信玄・武田勝頼二代にわたる武田家の事蹟を記録する。著者は、起巻第一に「我等元来百姓なれども、不慮に十六歳の春召出され、地下をいで春日源五郎になり奉公申」とある春日源五郎、後の海津城主高坂弾正昌信である。彼は天正三（一五七五）年に四十六品までを、また没年である天正六（一五七八）年には五十六品までを著述している。

それ以降は甥の春日惣次郎が引き継ぎ、品第五十九に「此軍鑑書続たる我等は春日惣次郎と申候。川中島皆景勝へ召出され候へ共、我等は甲州くずれの時分、越中へ罷越候故、景勝へ御かゝへの衆にはづれ候而牢籠いたし、佐渡の沢田といふ在郷にをひて是を書置」とあるように、天正十（一五八二）年の武田家滅亡後も、なお佐渡の片田舎に流浪してこれを書き続け、天正十三年三月三日の日付を以て絶筆となっている。

この後さらに徳川家康に関する記述が少量付してあり、これには天正十四年五月吉日の日付で、「此事は小幡下野・外記孫八郎・西条治部三人にて聞たて是に書申」と、かつて高坂弾正配下の武将であった小幡下野など、この時期上杉景勝に仕えていた旧川中島衆の筆に成ることが記されている。

以上のように『甲陽軍鑑』は、武田信玄の重臣である高坂弾正とその一党の手により、綿々と書き継がれた甲州軍団の記録であり、そこには主君・信玄の行動を通して、武道に対する甲州武士の理念が披瀝されている。まず本章では、そうした甲州兵学特有の価値観が、いったいどのようなものであったのかを見ていくことにする。

甲州兵学の価値観を最も簡明にまとめたものは、『甲陽軍鑑』品第卅九に列挙される「信玄公十六歳より五十三歳迄、三十八年の間御武勇、又は被レ成様、御手柄十三ヶ条之事」であろう。以下にその主要部分を紹介する。

一、父信虎鬼神のごとくに近国他国迄ひゞき給ふ大将の、八千の人数にて不レ叶要害を、十六歳の御時、雑兵三百余の人数をもつて、乗取給ふ事。
一、他国の大将今川義元・北条氏康に頼れて、御旗を出給へど、北条氏康をも今川義元をも、終に引出給はず候事。
一、信玄公御一代、敵にをしつけを見せ、をひうちに味方をうたせ給ふ事、一度もなき事。
一、信玄公御一代の内、甲州四郡の内に、城墎をかまへず、堀一重の御たてに御座候事。
一、信玄公御一代の間、敵に屋敷・城を一ッ攻とられ給事なし。
一、天下の仕置仕らるゝ、信長をばむこに、信玄公家老秋山伯耆守罷成候事。
一、同信長の子息御坊と申を、甲州へ人質に御取候事。
一、北条氏康御他界の後とは申ながら、氏政より舎弟助五郎を甲州へ人質に御取候事。

一、信長・家康申あはせられ候へども、家康の国は遠州半国、三河一郡半、信長の国は東美濃二郡、御手に入られ候事、然も信長の居城、美濃岐阜なるに、右の分の事。

一、飛驒半国の江間常陸守、越中三ヶ一の主椎名肥前守降参申候。武蔵の内もちたる小幡三河帰伏申候。或は相州酒井・深沢・足柄まで御手に入らるゝ間、信玄公より知行高多キ大身衆の居城、信長の岐阜を始メ、いづれも上道五里六里ちかくまで、取よせ給へど、信玄公御在世の間、御持の内へ手かくる侍一人もなし。但越後の謙信斗（ばかり）、国はとられ給はねども、是とても、あらそひの信州をば、こなたへ御取候。其上信玄公御馬の出ざるに高坂弾正、越後の内、東道廿里あまり働申候。是偏ニ信玄公御威光をもつての事なり。

このように『甲陽軍鑑』では、敵の城を攻め取って味方の城を取られず、他国の領内に侵入するも、自国内には侵入させず、他国の領地を削って自国の領地は奪われず、人質を取るも人質を出さず、他国の援軍を頼まず、敵に背を見せて退却しないことなどが、武門の誉れとされる。

さらに甲州兵学の価値評価は、北条氏康・武田信玄・上杉謙信・織田信長を「当代日本の四大将」として、各々の武勲を数え上げる、品第四十下の記述からも窺うことができる。

氏康公一代一の覚、河越の夜戦。信玄公一代一のおぼえ、十八歳の時しかも少人数にて大敵を引（ひき）請（うけ）、にらさき合戦、其後一年一月の内に両度、信州戸石合戦、幷（ならびに）笛吹到下（とうげ）にて信玄公廿四歳の時大敵を引請、一月に両度の合戦、又関東発向に四十二日の間、数ケ所の要害へ取よせ、一度も

> けがなく、しかも蓮池まで攻入、小田原中放火の帰陣に、見ませ合戦勝利の事。輝虎一代一のおぼえ、十四歳にて弐千の人数をもつて七千の敵に、しかも我下知にて勝利を得る。其後小田原蓮池へ攻入、信玄公のごとく放火はなけれども、謙信公は信玄公より十年まへなる故、まづ手がらなり。頓而又三年の間に氏康公・氏政公・信玄公三大将を相手にして、輝虎は一大将なれども、松山落城をきゝ、しりぞかず、しかもきさいの城をせめおとし、城主は忍の成田がおとうと小田の助三郎といふ者をはじめ、雑兵三千なできりにいたされのがるゝ事。信長公は廿七歳の時、八百の人数にて二万の大敵義元公にかち、其のち公方様を御共申、天下へ仕すへまいらせ三年の間公方を守護し奉り、其以後都支配の事。

ここに特筆されるのは、おもに戦場での武功である。名誉とすべき事柄としては、若年ながらも年長の敵将に戦いを挑み、寡兵で大敵を破り、敵国奥深く侵入し、短期間に連続して合戦を遂げることなどが、誇るべき武功とされる。

このように『甲陽軍鑑』を貫いているのは、東国武士の美学である。これと前掲の資料とを考え合わせると、甲州兵学の理念が、際立った武勇の発揮と、戦いぶりの完璧さとの、攻守・動静両面の基準から成り立っていることが分かる。

この両者のうち、際立った武勇の発揮という点では、「謙信の御弓矢は摩利支天のわざにて候」（品第五十三）と称されるように、上杉謙信は最右翼の位地を占める。謙信の越後流兵法は、指揮命令系統の整備に心血を注ぎ、「謙信流の円備」と称された円陣を組み、号令一下、全軍一丸となって敵陣

上杉謙信，川中島出陣図．

に突入する戦法を特技とした。著名な永禄四（一五六一）年の第四回川中島合戦のときも、統制不能に陥る危険があるため通常は禁じ手とされる、円陣を水車のように回転させる「車懸り（くるまがかり）の陣」を張って、信玄が設けた縦深防御の布陣を次々に打ち破り、信玄の本陣に肉薄した。謙信は異常なまでに戦いぶりの完成度に磨きをかける体質で、その偏執狂とも思える先鋭な戦いは、神業に近いと恐れられた。

しかし甲州兵学の立場からすれば、謙信はもう一方の守・静の側に、大きな欠陥があると言わざるを得ない。品第五十三の「此比の大将衆弓矢取給フ様之事」では、謙信の戦いぶりを次のように批評する。

越後の謙信は、後の負にもかまはず、さしかゝりたる合戦をまはすまじきとあるは、右の出川を無理にわたり給ふ仕形なり。殊更相手がましくなき敵には、何時も退口あらく有事、加賀・越中或は関東碓氷なンどにて敗軍有つるといへども、信玄公にあひ給ひては、無二に仕懸申され候なり。

すなわち謙信は、眼前の合戦を絶対に回避しないと意地を張るあまり、剛勇に走りすぎて用意周到さに欠けるとの批判であり、品第卅七では、「もとより謙信壱万五六千の人数を五人十人のやうにつかひ、指かゝりたる軍をまさぬようにと仕れば、日本国に昔も今もさのみおほくなき武将なれ共、分別うすき故、謙信の弓箭（ゆみや）は次第にほそくみゆる」と、謙信の弓矢はいずれ先細りになると評言している。甲州兵学では、「いらざるつよみは、国を持者の非儀なり」（品第五十三）とされるのである。

それでは武田信玄の戦いぶりはどうであったのか。品第五十三は以下のように記す。

武田信玄画像．典厩寺蔵．

> 信玄公は軍（いくさ）にけがのなきやうに、敵を見て、退口の荒なきやうに、巻きたる城を敵の後詰を見て巻ほぐし、のかぬように出陣前にならしをよくして出、惣じて我領分の小城を、一ッもとられざるやうに、あとの勝利を水にせぬやうにさへあれば、末代まで名は残ル者也。

ここでは、武勇による大敵撃破を主にする前掲の品第四十下とは対照的に、守・静の面を中心に信玄の戦いぶりが描写される。信玄は、合戦前に周到な準備を整え、眼前の勝敗にのみ目を奪われることなく、常に大局的見通しをも計算したとして、その綿密・重厚な指揮ぶりが賞賛されるのである。

以上の論述により、甲州兵学の理想とするところは、ほぼ諒解されたであろう。こうした攻守・動静両面にわたる理念の実現は、まず厳格な軍法を定め、家中の武士の行儀作法を確立することから始まる。著名な「信玄家法」は、その努力の結晶である。こうして養成された勇猛果敢な精鋭軍と、沈着冷静な大将の采配とが相俟ったとき、攻城・野戦に大敵を撃破し、かついささかも落ち度のない完璧な戦いを遂げることが可能となる。またその当然の結果として、他国に救援を求めず、人質を差し出して和を乞わず、独立不羈の威勢を天下に誇示することもできるわけである。

こうした兵学の理念からすれば、信玄こそは完全無欠の名将であり、自余の大将は、いずれも何らかの条件を欠くために、信玄には及ばないとの評価が下されることとなる。品第卅九「信玄公逝去付御遺言之事」には、死期を悟った信玄が重臣たちを前にして語る、他家への批判と自賛が見える。その中で信玄は、「信玄若き時より、弓箭を取、恐くは、当時日本一番に勝候子細は」と、他国の大将がなぜに自分より劣るかを、次のように解説する。

> 先ヅ北条氏康は、太田三楽・上杉則政・輝虎、各敵にして、叶ざれば、某(それがし)信玄を頼み、松山陣其外一両度、我馬を引出し申され候。今川義元も、氏康と取合(とりあい)の時、某罷出(まかりいで)、富士のしもかたにをひて、北条家をしつめ、其後今川義元、北条氏康無事になるは、悉皆(しっかい)信玄がすけたる故也。毛利元就、中国を大形治め、四国九国まで威をふるひ候故近国の侍共、元就におぢて頭をあげず、

天下支配の三好などをも元就したはのやうに仕るといへども、信長を聞及、四郎と云子を信長へ奉公にやるべきと支度仕たると聞。扨又長尾謙信輝虎は、武勇を以テ、日本へ名を発し、上杉管領に経あがり候処に、某信玄に負、既に我等家の侍大将高坂弾正に申付、信玄馬の出ざるに、弾正ばかりをもつて越後の内へ度々働候へ共、越後より甲州の内へ働べき事は、夢にも不レ存、此比は、信州の内さへ、然々と出たる事なし。其上越中におひて、大将なき者共に、相逢てをくれを取、敵に押つけを見せ、尤モ翌年に仕り返し、加賀の尾山までをし付たるとあれども、先ヅ謙信も負ケたる事数度あり。扨信長・家康は、互にあなたをすけ、こなたをすけ、利運に互に仕、既にもつて信長は、巻きたる城を巻きほぐし、味方を捨、退口あらき事数度有。然も一向坊主なンどを敵にして、家康なくば成間布候。本ヨリ家康ハ小身なる若気也。又奥両国にも輝虎ほどなる大将なし。四国九国にも、毛利元就ほどなるはなし。日本国中に、右ノ大将衆程ノ誉の侍、今は太唐にもなきと聞ゆる。然ル所に、信玄、手柄は若き時分より、他国の大将を憑ミ、馬を出させ、両旗をもつて弓箭をとりたる事、一度もなし。巻きたる城を巻きほぐしたる年、一度もなし。味方の城を一ツと敵に取しかれたる事なし。（中略）去年味方が原の砌も、信長・家康申合セ、十四ケ国に及ブ人数取つゞきたる所へ押懸、二三里近クの二俣を攻取リ、其上合戦に勝チ、遠州・三州の間、刑部に極月廿四日より、正月七日まで十四日の間罷在ルに、天下のぬし信長、様々降参のうへ、我等被官秋山伯耆守を、信長をば聟にして、それにことよせ、末子の御坊と云子を、甲府まで差越候に、信玄方より破リて、信長居城の六里ちかくまで焼詰メ、壱万余の人数にて、信長出たるに、馬場美濃守千にたらぬ備をもつて、上道一里あまりをしつけ候へば、かしこき人にて跡も見ず岐阜へにげこみて、岩村の城を此方へ攻落す。さて信玄武勇の事は、人をたよらず、只今にいたりても、氏政加勢に可㆓罷出㆒と被㆑申候へ共、無用と申候。武篇の手がらは、如㆑此也。

前述したように甲州兵学には、武道の名誉と恥辱を分かつべき様々な基準が存在した。ここに信玄により名前を挙げられた諸将は、皆それなりに当代一流の武将ではあるが、しかし彼等はいずれかの項目に欠点があり、したがって信玄には及ばないと位置づけられたのである。*

＊『甲陽軍鑑』では、信玄はその生涯を通じて、野戦に敗れたことも、敵城の包囲を解いて撤退したことも、味方の城を攻略されたことも、一切なかったとする立場が取られる。天文十七（一五四八）年、信州上田原で村上義清と戦った際、武田軍は板垣信方を始め多くの戦死者を出し、信玄自身も負傷する苦戦に陥ったことがある。この合戦に対し、品第廿七では、前半の敗戦は認めつつも、最終的勝利は信玄に帰したと記す。また翌年、信玄は村上義清方の戸石城を攻めるが、包囲一月に及ぶも抜けず、逆襲を受けて退却している。世に「戸石崩れ」と喧伝された敗北であるが、これに対し品第廿五では、「晴信公御一代になき殿給ふ程の儀なり」と評しつつも、最後まで芝居を踏まえたとして、やはり敗戦とは認めていない。真相は詳らかではないが、ともかくこのとき、戸石城を攻略できなかったことは事実である。また味方の城に関しては、天文二十二（一五五三）年、北信濃に出撃した上杉謙信により、占領間もない荒砥・塩田・葛尾の諸城を奪回されており、弘治元（一五五五）年にも同じく上杉軍によって、山田・福島両城が落とされている。

なかでもとりわけ目に付くのは、信長に対する批判の手厳しさである。『甲陽軍鑑』では、上杉謙信を始めとする諸将が批判の対象とされており、また織田信長を肯定的に評価する言辞も往々にして見受けられる。しかしながら全体的に観ると、信長に対する批判が最も多くの分量を占め、かつまたその口調も一段と激越である。こうした現象は何故に生じたのであろうか。その原因を探るとき、甲州兵学特有の立場はさらに鮮明なものとなろう。次に章を改めて、甲州兵学から発せられた信長批判の内容を検討してみよう。

第三章　織田信長への非難

甲斐武田氏による信濃攻略は、父・信虎により開始され、その跡を襲った信玄の代に完了する。この結果、信玄は美濃を領有する織田信長と、直に国境を接して対峙する状況となった。やがて両者は天下の覇権を賭け、厳しい敵対関係に入る。したがって『甲陽軍鑑』中に、信長に対する批判が数多く登場するのは、当然の事態とも言える。

しかし隣国の敵というのであれば、北条氏康と上杉謙信も同様であり、特に謙信こそは、北信濃で、そして関東で、連年激戦を交えてきた最大の仇敵のはずである。ところが謙信への批判は、信長に対するよりもはるかに少なく、むしろ賛辞の側が目立つ。とすれば、そこに見られる信長批判の根柢には、単に軍事上の敵に対する憎悪というに止まらぬ、別個の視点が存在していたとしなければならない。すなわちそれは、兵学的見地から発せられる信長批判であった。前章で引用した信玄の遺言中より、その信長評を今一度抜き出してみよう。

扨(さて)信長・家康は、互にあなたをすけ、こなたをすけ、利運に互に仕(つかまつり)、既にもつて信長は、巻きたる城を巻きほぐし、味方を捨、退口あらき事数度有。然も一向坊主なンどを敵にして、家康なくば成間布候。

こうした信長批判には、確かに相当の根拠があると言わねばならない。永禄五（一五六二）年、信長が家康と結んだ同盟は、終始信長に多大の利益をもたらした。特に元亀元（一五七〇）年の姉川合戦においては、わずか三千の浅井軍の猛攻に三万五千の織田軍が崩れかけたにもかかわらず、家康が率いる五千の三河兵が一万五千の朝倉軍を撃破、さらに浅井軍の側面を衝いたため、信長は窮地を脱し、一転勝利者となっている。

また一旦攻囲した城を陥せずに、包囲を解いて撤退した例に移ると、信長は元亀二（一五七一）年と天正元（一五七三）年、伊勢長島のデルタ地帯に立て籠もる一向一揆軍を攻撃、反撃に遭って甚大な損害を蒙り、二度とも攻略を断念している。

さらに信長が味方の城を奪い取られた例は、元亀元（一五七〇）年、一揆軍に小木江城を攻め落とされて弟の信興が討ち死にしたのを始め、枚挙にいとまがない。

また元亀元年、越前に朝倉義景を攻めた際には、浅井長政の裏切りにより背後を断たれ、若狭に家康の軍を置き去りにしたまま慌ただしく退却、ついにはわずか十人ほどで岐阜へ逃げ込む始末であった。

概して信長の行動は、機敏・果断を特色とするが、それだけに一つ間違えば窮地に陥る危険性も高い。そこで『甲陽軍鑑』に指弾されるような失策を、度々演じることにもなるのである。

すでに前章で論じたように、甲州兵学においては、単に勝敗だけが問題にされるのではない。そこでは種々の観点から、戦いぶりの見事さとか風格までが、武道の誉れを構成する重要な要素として追究されるのである。こうした立場からすれば、信長の兵法は欠点だらけと映るのも、当然の結果と言わざるを得ない。

『甲陽軍鑑』は、信長が信玄によって東美濃二郡を奪われたこと、居城岐阜の近辺まで武田軍の侵入を許したこと、甲府へ人質を差し出したことなど、様々な事例を引き合いに出して、信玄の優位を誇りつつ、随所で信長を貶めている。

しかるに信長は、依然として畿内を制圧し続け、その威勢は日毎に増大する一方である。「弓矢無穿鑿」にして、「惣別信長家には、あたら弓取の空言おほし」(品第十四) はずであるのに、これはいったいどうしたことであろうか。その理由を品第五十三では、次のように説明する。

> 織田信長は、巻きたる城を巻きほぐしてのき、堺目の小城いくつ落されても不レ苦、追くづされて、我人数を追うちにうたれねば、世間の取沙汰はなきものなれば、むつかしき所をばいそぎ引入、やがて出て、国を多く取て持、大身に成ては、つゐに其名は高きものなりとある儀なり。

信長は、勝てないと見るや素早く撤退し、情勢が好転した時機を見計らっては侵攻するという、狡猾な用兵により、支配地の拡張に成功した。そこで戦いぶりには粗雑にして不様な点が多いにもかかわらず、ただ領地が広大であるとの理由で、結果的に世間的名声を得たに過ぎない。以上が、前記の矛盾に対する『甲陽軍鑑』の解釈である。

そもそも中国兵法からすれば、「強なれば而ち之を避け」（『孫子』計篇）、「実を避けて虚を撃つ」（同・虚実篇）のは、兵法に巧みな者であって、その結果大身になったのであれば、信長はむしろ偉大な戦略家とこそ称すべきであろう。もとより『甲陽軍鑑』も、この点を認めるのにやぶさかではない。「信長は工夫を仕、分別の有所は、結局輝虎より少し上なり」（品第卅七）とか、「そゝけたる様にても、殊ノ外しまりて働ク」（同）との評価も、一方では行われる。

それにしても、信玄と比較すれば、信長の采配が欠点だらけであり、武田家から見るとき、「既に織田信長今天下を異見する程ならば、聞及て、人の手本に仕ルべき軍法一ツも有べきに左なき事、是如何」（品第四十上）との状態であることには、依然として疑問の余地がない。

だとすれば、信長が信玄よりもはるかに大身になったについては、何かしら特別の理由がなければならない。『甲陽軍鑑』はその理由として、「信長の敵は美濃衆に七年手間とる斗、残はみな信長におづる人々なる故、軍法もいらず候」（品第四十上）との点を挙げる。幸運にも、信長の領国である尾張の周辺には、美濃斎藤家を除き、格別強敵と称すべきほどの相手が存在しなかった、というのである。さらに品第五十九においても、「さて其もとは信長の果報にて上方の一合戦にて城の十も二十もあけて退、治りよき、しかも生替にて弓矢するゑに成たる国を多取、大身に成、縦ハ大風の吹たる様なる弓矢の故」であると、同様の見解が述べられている。

これに反し、信玄の領国である甲斐の近隣は、いずれも強敵ぞろいであった。まず信濃の状況は、次のようであった。

晴信公仰らるゝは、信濃国、城おほうして治にくし。城おほく共、大将一人にて有に付ては、二三度の合戦にて、過半治候はんずれ共、村上と小笠原と諏訪と木曽と四頭の内、諏訪をば一人たをし候。いまだ残て三頭あり。其外一城を構たる者、如何程もあり。しかも、勘介申ごとく、強国がらにて、其上弓箭巧者の侍共なる故、手だてにしかと乗事なうして、むつかしくも、思案工夫の四文字にて、唯時刻をまつのみ。（品第三十）

このように「信濃侍、強敵の故」、信玄は信濃攻略に彼のほとんど前半生を費やさざるを得なかったのである。

しかも武田の勢力が北信に及ぶや、剛勇を以て鳴る上杉謙信が介入してきたため、以後信玄は、越後の精兵を敵に回して、各地に転戦する事態を余儀なくされた。

さらには、早雲以来の覇業を継ぎ、関東一円を支配する北条氏康も、「一段神妙なる人」（品第卅二）であり、「氏康の弓矢、小田原を出て、武蔵・下総・上総其あたりを、働り回りつけたる武辺にて、しらぬ他国へ、大河大坂をこして、望をかくる人にあらず」（品第卅四）とは言っても、それだけに守備が固く、容易ならざる相手であった。

そして遠江・三河には、海道一の弓取り、徳川家康が、三河の精鋭を擁して信玄の西進を阻んでいたのである。このように、四方を強敵に囲まれた事情が災いしている以上、弱兵相手の信長よりも領土拡張が遅れるのは、理の当然としなければならない。それでもなお、信玄麾下の甲州軍団は、信濃と駿河の全域を手中に収め、さらに美濃・上野・飛騨・遠江などを侵削して、支配地を拡大してきたのである。

　とすれば、後は要するに、「扨又国を多治事は、其身の果報有て、少もけがなくして、名を取て、寿命長ければ、終に扶桑六十余州の主共成べき」（品第五十三）と、時間の問題に過ぎない。「此勢をもつて、都を心懸ケ、三河遠州へうち出テ、家康をさへ押失候はゞ、都までの間に、恐くは、信玄が手にたつもの壱人も有まじく候」（品第卅七）とか、「家康さへ滅却仕候はゞ、信長には百日と手間は取まじい」（品第卅九）と、織田軍などは最初から物の数ではない。「信玄煩つのらずして、存命さへこれあらば、天下に旗を立てん事、疑有まじく候」（品第卅七）と、信玄は自信に溢れ、「信長、信玄には出向まじき事、口惜候。あはれ信長対陣あれかし」（同）と、織田軍を馬蹄の下に蹂躙する日の到来を待ち焦がれるのである。

　以上の信長理解には、甲州兵学的価値観への懐疑は、いささかも見られず、信長の成功に対しても、たまたま幸運に恵まれたに過ぎないと、一応の説明を付して自己を納得させる余裕が感じられる。

　しかし、信長の支配が日増しに増大する趨勢を反映し、『甲陽軍鑑』の記述にも、時として不安や苛立ちが顔をのぞかせる。

　　播州上月の城、尼子勝久・弟助四郎・山中鹿ノ助、安芸の毛利を敵にして信長へ申入候故、毛利家より上月の城を取つめたるに、信長家老羽柴筑前守ばかりにて後詰叶はざる故、信長へ申候へば、子息城ノ助殿に丹羽五郎左衛門をかいぞへに指添、二万の人数をもつて上月の城へ後詰なり。

又毛利家より城巻たる人数の外、吉川と云剛の侍大将三万にて加勢する故、丹羽五郎左衛門、城助殿をつれ早々引払、彼上月を攻落させ、尼子勝久・弟助四郎・山中鹿ノ助を既に責殺さする。是等は弓矢に大きなる瑕なれ共、信長はさ様の事さのみ苦労にせられず。扨又信長は人数一万・二万死たるとても、それに信長はこまる事もなしと世間の取沙汰是なり。悪事をも此比は皆信長誉の様に取沙汰あり。何に付ても武田の御家あぶなき事ばかり也。（品第五十六）

天正六（一五七八）年、信長は毛利の大軍に包囲された上月城に、羽柴秀吉・丹羽長秀などを後詰めに差し向けて、救援しようとする。だが毛利がさらに兵力を追加してきたのを見て、途中で救援を諦め、尼子氏を見殺しにする方針へと転じた。その結果、一時中国地方に威勢を張った名門尼子氏は滅亡する。

こうした所業は、味方の城を奪われることを極度に嫌う甲州兵学の価値観からすれば、不面目この上ない恥辱のはずである。しかるに信長は平然とし、一向に恥じ入る様子もない。あまつさえ信長は、味方の一万や二万死んでも自分は構わぬと揚言し、それを世間ではあたかも名誉であるかのように評判するとのことである。これではまさに、是非の道理が転倒しているとしか言いようがないと、高坂弾正は慨嘆する。

そして信長個人に対する非難は、やがて織田政権を成立させている上方の風土そのものにも向けられていく。確かに信長個人も、武道の在り方を弁えぬ行儀悪しき大将には違いない。しかしその淵源を辿れば、彼のような男に都の支配を許し、恥をも誉れのように讃える上方の風土自体に、そもそもの欠陥があると言わざるを得ない、との方向に論理が展開するのである。そこで次にこうした上方批判に論点を移して、検討を加えてみよう。

第四章　悪しき上方の風土

『甲陽軍鑑』品第廿四「山本勘介問答之事」には、山本勘介が信玄に諸国の事情を解説するくだりが見える。まず「諸侍、各下人(げにん)まで、国々にかはるか」との信玄の問いかけを承け、「我等諸国をありき候て、国々の家風を見申候」と述べた勘介は、次のように全般的概略を示す。

我等本国三州からきり東の人々は、大方ひとつにて候。尾州よりかぎり和泉まではひとつ形儀(かたぎ)にて候。又四国中国九州は形儀大方同事にて候。筑紫のおくは、奥州衆に似より申候。

すなわち勘介の分類によれば、日本全国の武士気質は、関東、関西、四国・中国・北九州、東北地方と南九州の四種類に大別できるとされる。

しかしその具体的中身が詳述されるのは、もっぱら上方武士の気風である。

先尾州(びしゅう)よりかみは、十人九人慇懃(いんぎん)まれにして、おほへいを表にいたし、贔屓の人なれば、不足かきたる人をも誉(ほめ)、中(なか)あしければ、手柄の人をもそしり、武士上中下の働も、穿鑿なく、頸一つ取候へば、覚(おぼえ)にいたし、をしかゝり、つよく、めり口はやく、国郡の主、世に落ては、被官を主にいたし候て、被官の名字をうけて名乗(なのり)申事おほきにより、無穿鑿に見え申候。被官の立身仕り、主の名字をなのるは、手がらにて候。今河、吉良にへあがり、吉良殿公方(くぼう)にへあがると承候。さて又東には被官仕あがり、主の名字を申うくる事はあれ共、しさげたると申て、被官を主にいたし、本名を捨、被官の名字になることはなく候。関東にて、結城は主にして小身、多賀屋は被官にて大身なれども、結城にあふては大身の多賀屋畏申(かしこまりもうし)候。

上方武士には、守るべき武道の倫理などは最初から存在せず、ひたすら我が身の利益のみを追い求め、その時々の勢力関係のままに右往左往するのに比較して、関東では、戦国の争乱の中にあっても、なお古き美風が維持されていると、両者の際立った対照ぶりが指摘されている。

続いて信玄は、「さて上方の人々、届(とどき)たる義理の作法はいかん」と質問する。これに対する勘介の返答も、やはり上方への痛烈な批判に満ちている。

上方衆、小身なる者には、自然百人が中に、一人も届たる人候へども、一城をも持たる人の作法は、恩をも存ぜず、つよき弱(よわき)の弁(わきまえ)もなく、ぎりをも恥をも捨候て、手ましの方へつき申。小身の侍ども、存分も、たとへば国持の代替りに、手をまはらぬ家老成敗なンど有に、家老の方、勝さうにあひみえ申せば、主を捨て家老がたへこもり、意趣なけれどもつよみへつき、発向(はっこう)仕リ候。

さて又念比をうけたる寄親なり共、手もとらず、成敗にあへば、笑止がほもなく寄親の儀を誹る事、百人が九十五人も、家風にて候と申。

ここで勘介は、上方の城主たちが「ぎりをも恥をも捨」てて強者へと靡く様子を、口を極めて非難している。以上は何かしら領地を有する武将の行状であるが、この点は一般の「諸侍、友だち、傍輩のつきあひ」に関しても全く同様である。

殊外はゞにすぎ、過言を申。縦ば、金子一両の道具をもちては、百両せんと申。国までも、己の生国を誉、他国を誹、おのこ子道の批判も、我が近づかざる人の手柄をば、何と能事をも、むだと誹。其身の手柄を能聞候へば、せりあひ合戦なンどに追頸のしかもあを葉者を一人討ては、鑓さきに血を付、五人も十人もつきたる様に損ざし、さやもはめずして、はやりをもたせ、五日も十日もかづかせありき、其合戦せりあひに、あはざる親類近付のかたへ、樊噲を働たる様に申越、見廻をうけて、おぼえの者になる侍、上方には十人に八人如ㇾ此候。

ここには、口先ばかり達者なお調子者で、詐欺まがいの猿芝居を打っては、己を大きく見せようとする、上方武士のお粗末な精神構造が描かれる。信玄は晩年、「某廿四五の時分、山本勘介雑談仕候事、皆首尾あふてあり」（品第卅七）と、その後の状況展開を見ると、あのときの上方評はまさしく真実であったと回想している。

上方武士の気風が果たしてこのようなものであれば、信長が国を数多く支配できたのも、理の当然である。信長と信玄の領土の差は、要するに、上方と東国との武士気質の差に由来するものに違いない。品第卅七では、こうした因果関係を次のように記す。

> 上方信長攻とるてきは、皆生替(うまれかわり)故か、弓矢よはき故か、城一ツ落城を見ては、近辺の城五ツ六ツもあけ候。東武士は、二度三度せりあひにをくれをとり、或は大合戦に負たりと云へども、よはげなくて、せめては五年も六年も其所へ働、毛作(もうさく)をふり、やき働き仕らざれば、降参せず候。東武士は、大方強敵どもなり。

上方武士は惰弱で、味方の城が落城したのを見ると、恐怖心に駆られて近辺の城を捨てて逃亡する。ところが東国武士は、野戦に敗北しても意気消沈せず、頑強に抵抗し続ける。たびたび相手の土地に侵入して、収穫前の穀物を焼き払い続けなければ、なかなか降参しない。このように考えるならば、行儀悪しき大将たる信長の政権を根柢で支えているのは、あらゆる不作法がまかり通り、義理も恥も弁えぬ上方の風土そのものに他ならない。上方であればこそ、欠点だらけの信長でも、何とか政権を維持し、「天下を持ちたると高慢」できたに過ぎない。

とすれば、東国最強と謳われる甲州軍団の鋭鋒の前には、上方の弱兵など到底太刀打ちできるはずもない。三方原(みかたがはら)に鶴翼(かくよく)の陣を布く徳川・織田連合軍を魚鱗(ぎょりん)の陣で一蹴した信玄は、いよいよ西上を目指すにあたり、次のように豪語する。

尾州から都までの弓矢形儀（かたぎ）は勝てから威（い）つよく、後（おくれ）てからめり口はやく、義理も作法もしらず、主が被官になり、我身さへ助かるならば、とがもなき親類、傍輩をも斬て出し、縄を懸られても恥とおもはざる様子と聞えてあり。一入（ひとしお）つくる事肝要なり。一度勝たるにつきては手間とる事あるまじ。（品第卅九）

もし一度でも信長軍を敗走させれば、卑怯で臆病な上方連中は、たちまち信長を見限り、信玄の軍門に屈服するであろう。

以上のように、甲州兵学的価値観を基準に据えるとき、東国と上方との間には、歴然たる優劣の格差が設けられる。そしてこうした優越意識は、本能寺の変の後に信長を継ぎ、同じく上方の風土を基盤に天下人となった豊臣秀吉にも向けられる。次に秀吉に対して発せられた甲州兵学からの批判と、それに応酬する秀吉側の価値観とを比較してみよう。

第五章　豊臣秀吉の反論

秀吉に対しては、まず彼が天下人になったそもそもの経緯から、厳しい非難の対象とされる。『甲陽軍鑑』品第五十八では、信長が明智光秀の謀反により急死したのち、「御本所ばかりにてもなく舎弟三七殿・信長舎弟上野介・源五どの阿野津或ハ神戸なンどゝ云所伊勢一国の内に居ながら明智討べき覚悟各少もなし。此内羽柴筑前守と云者出て、主の敵明智を討て都を乗取なり」との情けない状況だったことが記される。

信長の突然の死を聞いた息子たちや弟たちには、明智軍と戦って敵を討つ覚悟が全くなく、ただ途方に暮れて畿内をうろうろするだけであった。当然主君の敵を討つべき立場にいながら、それを座視した彼等にも、第一の落ち度はあろう。だがそれ以上に不可解なのは、羽柴筑前守なる者が「都を乗取」ってから後の有り様である。

品第五十九は、秀吉が主家を簒奪する経過を、上方の風土への嫌悪感を露わに交えつつ、次のように罵倒する。

みな小者一僕の者を、信長取立られたるに、信長他界ある其年より傍輩の羽柴筑前守を主にして、誠に恩をうけ奉る信長公の子息御本所などを敵にして攻懸。内衆計にてもなく、信長舎弟織田上野介迄、甥の御本所を敵にして、被官筋の筑前守を主に仕らるゝ事、中々弓矢を取て比興なる儀なり。甲州穴山は勝頼公に恨有て、天下を持たる大身の信長へなられたるをさへ、尸の上迄弓矢の瑕と申候。其十双倍比興なるは傍輩を主にして恩を蒙る主君の子息を倒べきと仕ル。此元は弓矢無穿鑿にて上方武士は大合戦なンどに、ばい頸をいたしても、鼂叓ノ多方手柄に成候へば、その上は味方討をも仕たると聞ゆる。殊に播州上月の後詰にも敵多ければ、迯て帰、尼子一党の信長方の衆を、毛利家に攻殺されて、それをも手柄と申、へこなる弓矢の故也。

信長が本能寺に倒れたのち、信長の家臣たちは、正統な後継者である信長の子息・織田信雄や織田信孝たちをないがしろにし、かつて同僚だった秀吉に平然と臣従して君主と仰ぎ、それに恥じ入る様子もなく、信長の子息に刃を向ける。家臣だけではなく、信長の弟までが信長の息子に攻めかかる始末。秀吉もまた、味方の首を取ったり、他人が取った敵兵の首を金銭で買ったりして手柄にする、上方の「へこなる弓矢」の気風に助けられ、主家を押しのけて天下人に成り上がった忘恩の徒である。まさしく上方の申し子とでも称すべき人物である以上、当然『甲陽軍鑑』は、秀吉への不快の念を隠そうとしない。

折りしも、上方に対する東国の優位を立証すべき、絶好の事件が起きた。天正十二（一五八四）年の小牧・長久手の合戦である。品第五十九は、この戦いの顚末を痛快の念を込めて記録する。

今天下をもたるゝ羽柴筑前守と家康、尾州小牧と云処にて合戦にも、（中略）家康一万五千にて出らるゝ。羽柴は安芸の毛利家・備前のうき田・中国各加勢をこし候に付て、十八万の人数と申候へ共、堅十五万有べきに、家康と押出して対陣ならずして、土手を築て居らるゝ。家康方には十分一の人数にて柵の木を一本たてず、物にしたる様子にてなし。去に付筑前ノ守陣場の土手際へ押込、穴山衆ありすみ大学上方衆を討取。其年中に都合九度筑前守に家康方よりしほを付候は、家康衆酒井左衛門先其年三月三日に尾州羽黒山にて森勝蔵に勝、上方十五万に家康一万五千にて何事先一塩付る心也。（中略）家康内本多平八郎千計の人数をもつて、筑前守三万斗を連て出らるゝを見て平八郎かゝる。此時筑前守平八郎を見てにげのかるゝ事。（中略）其年家康をば虚無事をつくり浜松へいらせて出抜、筑前守清洲へ働に、九月家康三河・遠州勢八千連夜返しに出られ、大久保次右衛門と云武士物見に行、足軽二三人乗ころばしたるを見て、羽柴筑前守大きに敗軍して、筑前方より家康へ手を入て無事の事。

天下人たる秀吉は、上方衆十五万の兵を率い、大挙して家康の領国を押し潰さんとした。しかるに、かえって三河・遠江の精兵一万五千に押しまくられ、至る所で不様な敗北を重ねた。

この輝かしい勝利こそ、信玄・謙信以来培われた東国武士の武勇が、今なお健在であることを天下に顕示するものであり、さらには、かねてより上方に対する東国武道の優位を説いてきた甲州兵学の正しさを、改めて確認する証左にも他ならない。信玄と謙信の相次ぐ急逝と、信長・秀吉の天下支配の進展により、ともすれば不安を覚え始めていた甲州兵学は、この家康の大勝利に光明を見出し、再び自信を甦らせる。

さて『甲陽軍鑑』は、喜色満面この合戦の模様を書き記したが、それでは一方の秀吉側は、この合戦をどのように受け止めたであろうか。『川角太閤記』巻三は、家康との対陣に備える秀吉方の状況を次のように記す（以下、『川角太閤記』の引用は、人物往来社刊・戦国史料叢書中の桑田忠親氏校注本に拠る）。

> 秀吉は、其の年も暮れ行けば、大坂の城え御入りなされ、明けなば、尾張へ取り懸かり、常真を攻めらるべしと、おぼしめし、御意には、水攻めの城は、二ツも三ツも仕遂せたり。尾張の国は水攻めになる国ぞや。其の故は、殊の外、大河はあり。少しの水にも国中へいかるなりと。御意候へば、皆人〳〵偖々御気を付けられて候なり。熱田あたりを丈夫に御せきなされ候はば、国中水はまるべきなり。其の用意せよとて、御分国の鍛冶に鍬・鎌・斧など仰せ付けられ、幷に明俵御用意おびただ敷聞こえ申し候。伊勢・近江・美濃の山々にて、わくの木など仰せ付けられ候事。

秀吉には精強な徳川軍に立ち向かう自信はなく、最初から野戦を避けて、得意の水攻めに出るつもりであった。それにしても果たして家康は、堤を築く余裕を与えてくれるであろうか。不安に駆られた秀吉は、さらに家康を威嚇する方策に知恵を絞る。

安芸の毛利輝元より人質を出だされ候。（中略）秀吉御意には、毛利殿人質両人尾張え下せよ。則ち尾張御陣え参られ候。御手前の御人数を両人の人質え添えられ、毛利陣と披露なされ、御陣屋近辺に御陣取候事。輝元よりの両人の人質、毛利陣と御披露なされ候事。此の分別は、中国安芸の毛利もはや随ひ付き、罷り出て候との儀は、家康卿えの響かせなさるべきとの御分別と、相聞こえ申し候事。

（『川角太閤記』巻三）

すなわち、毛利からの人質に自己の軍勢を配置し、あたかも毛利軍が秀吉の陣営に加わったかのように見せかけ、何とか家康を威圧しようとする算段である。

このように秀吉は、懸命に家康との野戦を回避しようと努めたが、結局は尾張一帯で家康と対陣せざるを得ない状況となった。しからば戦局は、いかなる推移を辿ったのか。『川角太閤記』巻三は次のように述べる。

其の年申の四月九日に、家康卿と秀吉との長久手の御合戦の次第は、書付け申し上ぐるに及ばず候事。

具体的戦況が一切記録されなかった理由は、もはや説明を要しないであろう。

小牧・長久手の合戦に対する『甲陽軍鑑』の記述は、個々の戦場における戦闘ぶりを逐一列挙し、徳川軍の武勲を顕彰するところに重点が置かれていた。これに比して一方の『川角太閤記』では、もっぱら戦前の対家康戦略に筆を費やし、戦闘状況に関しては完全に沈黙を決め込む。この際立った対照は、もとより直接的には、徳川側の優勢、秀吉側の劣勢といった戦況を反映してのことである。と同時にそれは、戦闘での武勇発揮を重んずる甲州兵学と、戦略的構想を重視する秀吉側との間の、決定的な価値観の違いをも反映している。

さて小牧・長久手の敗北により、家康攻略を断念した秀吉は、「家康卿を御引き付けなさるべきと、おぼしめされ候。御分別工夫、中々、枕を御わらしなさるゝ」（『川角太閤記』巻三）有り様であった。三河・遠江へ放った間諜は、家康には籠城の様子が全くなく、野戦で一挙に雌雄を決せんとの覚悟であると報じてきた。

困り果てた秀吉は、「御あつかひには、先、御妹進めらるべく候なり。此の上は兄弟に罷り成るべし」（同）と決意し、さらには、「其の上に家康卿合点なくば、母と女ども又、妹、此の三人を家康卿へ人質に出だすべし」（同）とまで言い出す。この際、母や妹を人質に出してでも、何とか家康と和議を結びたいと言うのである。

上述したように甲州兵学では、人質を取ることを名誉として特筆大書し、逆に人質を差し出すことを武門の恥辱として侮蔑していた。こうした立場からすれば、このとき秀吉が家康との決戦を恐れ、人質の提出により和睦を取り付けようと図った行為は、重大な武道の疵と見なされるであろう。

さすがに秀吉の家臣からも、これには異議が唱えられた。蜂須賀彦右衛門は、次のように諫言する。

こはいかに、昔が今に至るまで、天下人より其の下え人質を御出し候天下主の先例は、いまだ承

らず候。是れは、以てのように覚え申し候。　（『川角太閤記』巻三）

しかし、人質提出を武辺の不面目として拘泥する意識など、秀吉の眼中にはない。彼にとっては、人質をめぐる面子は全くの些事に過ぎず、より戦略的課題こそが重要であった。

各(おのおの)申し上ぐる通り、尤(もっとも)なり。さりながら、秀吉昔が今に至るまで、外典(げてん)にも先例なき事を、秀吉仕置き、日本の後記に留むべきぞや。秀吉に随(したが)ふ国は、はや三十か国に及ぶなり。家康卿は甲斐国と四か国なり。秀吉威光、日をおつて募りなば、この人質、家康請取り置かれ候とも、秀吉我に随はざるもの、此の人質はた物にかけ、火炙(ひあぶり)にせんなどとは、申され間敷ぞや。此の上は、弥(いよいよ)位詰(くらいづめ)になるべきなり。右の人質の合点も、家康これなく候はゞ、此の上の分別これあるなり。家康と和談済み候へば、東国は奥州、外の浜までも、即時に討ち随ふべきものなり。　（同）

秀吉の最大の関心事は、日本全土の経略であり、ここで家康とさえ和睦できれば、その戦略は最終目標に向かって大きく前進する。しかも自己の権勢は強大化の一途をたどっており、そうした状況を無視して、人質に手出しはできぬはずである。したがって、もしこの程度の代償で目標が達成できるならば、それは極めて効率の良い取引と言わねばならない。このように秀吉には、日本全土の平定を見据えての、優先順位の計算が存在していたのである。

秀吉は前掲の発言中において、仮に家康があくまで和議を拒んだ場合には、「此の上の分別これあるなり」と語った。それは、家康との軍事対決の再開であるが、そこに示される作戦計画こそ、秀吉の発想の特色を最も顕著に示すものである。「家康卿人質の御合点仕らず候はば、其の上の御分別と御意候は何とおぼしめし候御分別にて御座候や」との家臣の問いに応じ、秀吉は自己の戦略を披瀝する。

矢矧川（やはぎがわ）を東にあて池鯉鮒（ちりふ）の原に付城を三ツ、普請たくましく丈夫にすべきなり。是れは家康軍兵を引き出すべきためなり。此の時、家康卿御合戦とさだめ、出でらるゝならば、池鯉鮒の原はよき場なり。備へ人数何程も立つべき、自由なる所なり。普請かたまり候はゞ、北えまはり、秀吉兼ねて見置き候に、遠州に二俣と云ふ在所あり。それより、こうめう、秋葉などゝ云ふ所あり。彼の二俣より軍兵を入れ、天竜の川を東の後にあて陣取り、丈夫に普請をかため、兵粮米は海上より付けさせなば、兵粮に手をつく事あるまじきなり。（中略）是れにては日数も立ち申すべく候。さりながら、終（つい）には家康、国の痛みなるべきなり。家康国四か国を一ツに取り巻きたると同前ぞや。是れも、昔が今に至るまで四か国を籠城さする事、日本の後記に留むべきにてはなきか。いかに〳〵との御意なり。

信玄と謙信なき現在、家康こそは日本第一の野戦の名将であり、麾下（きか）の三河兵もまた、天下無敵の精鋭であることは、かねて秀吉の熟知するところである。いかに大兵力を動員してみても、家康軍と決戦して勝利する目算は立ちがたい。そこで前回の対陣の際も、水攻め策を立てたが、野戦に絶対の自信を持つ家康が籠城してくれず、これは失敗に終わった。こうした相手には、敵城を包囲して水攻めの態勢に入ること自体が、そもそも不可能であった。

こうした反省の上に立ち、新たに秀吉は、家康の支配する甲斐・駿河・三河・遠江四カ国全体を兵粮攻めにするとの壮大な作戦計画を立てる。これならば、さほど家康の領国深く進撃せず、また三河兵と直接刃を交えずに、家康を屈服させることが可能となる。

秀吉のこうした作戦計画は、もとより家康軍の精強さに手を焼いたあげくの窮余の策に違いなく、またそれを実行に移した場合も、果たして思惑通りに事が進んだかどうか、大いに疑問の残るところである。ただし見逃せないのは、その根柢に、直接的戦闘力よりも、むしろ間接的軍事力に頼って勝利を収めようとする、独特の発想が存在している点である。

水攻めや兵粮攻めといった戦術は、大兵力の結集、役夫の大量動員、膨大な物資の輸送と蓄積、長大な補給網の維持、優秀な土木技術など、幾多の条件の整備を俟って、はじめて成功する。そしてこれら諸条件の整備は、ひたすら家臣団の戦闘能力を向上させる努力とは、本質的に異なる次元での努力を必要とする。主にその努力は、郷村の末端まで支配を貫徹させる行政力の強化や、あるいは商業利潤の掌握として現れる。こうして得られる巨大な経済力こそが、前記諸条件の整備を可能とするのである。

こうした秀吉の多分に商業的発想を帯びた兵学は、彼の旧主・織田信長から継承したものであり、さらに遡れば、そこには信長が義父・斎藤道三から受けた影響をも看取することができる。これが、『甲陽軍鑑』が口を極めて排斥する上方の風土と合体するとき、惰弱な上方武士の戦闘力に信頼を置けぬ事情がいっそうの拍車をかけ、戦争の本質を戦闘による敵戦力の撃滅にのみ限定せず、より広汎な総合戦力の対決と捉える特異な兵学思想を成立させる。

こうした立場からすれば、後先（あとさき）を一切顧みず、ただ眼前の戦闘にのみ猛進する謙信流兵学はもとより、「少しのけがもなきやう」心掛ける甲州兵学なども、枝葉末節の武辺に意地を立て、こじんまりとした完成しか目指さぬ矮小な兵学と見なされる。甲州兵学では、恥辱でこそあれ決して名誉とはされぬ、人質の差し出しや敵を恐れての水攻め・兵粮攻めなどが、秀吉においては、かえって末代までの誉れとされるのである。甲州兵学と上方兵学との間には、到底埋めがたい価値観の断絶が横たわると言わねばならない。

次に掲げる『川角太閤記』巻四の記述は、秀吉側からの痛烈な甲州兵学批判である。

> 佐野天徳寺を召しだされ、小田原へ礼に罷（まか）り出で候時は、早々故、尋ねたき事失念に候。其の方、古き人なりとて、信玄、越後の様子、さて、上杉家の次第、御尋ねなされ候。御返事には、其の義にて御座候。信玄は十六歳の時より五十三までの間に、武道に一度も勝利を失はれず候と、申し上げられ候。此の仁、東国の仁なれば、右の三家強き様に申し上げられ候ところ、御意には、左もあるらん。左様に、はかをやらざる小刀利きの武道にては、天下に思い掛ける事は中々、思ひも寄らざる事たるべきなり。此の者など、早く相果て、外聞をば失ひ申さず候。其のゆゑは、只今までこれあるにおいては、秀吉が草履取に遣ふべき者なりと、御意なされ候。

家康と和議を結んだ秀吉は、全国平定を目指して、相模の北条氏政・氏照を攻める。難攻不落を誇り、謙信と信玄の猛攻にも耐えた小田原城を、秀吉は得意の兵粮攻めで降して北条氏を滅ぼし、関八州を手中に収める。秀吉は土地の古老である佐野天徳寺の住職を召し出し、武田信玄や長尾景虎（上杉謙信）、関東管領上杉氏の事蹟を質問した。すると佐野天徳寺は、これら三家がいかに強かったかを力説した。これを聞いた秀吉は、この連中は早く世を去ったので、外聞を失わずに済んだのだ、もし今まで生きていれば、わしの草履取りに使ってやると言い放つ。

これによれば、『甲陽軍鑑』が東国と上方の兵学的価値観の違いを、明瞭に意識し続けたのと同様に、秀吉もまた、上方と東国との対立点を先鋭に自覚していたことが分かる。戦闘における武勇の発揮とか、戦いぶりの風格などに固執するのは、戦術的勝利の完璧さしか眼中にない、要するに「小刀利きの武道」であって、そうした効率の上がらぬ兵学では、天下平定といった大戦略の遂行など到底期しがたいと言うのである。

ここに、甲州兵学と上方兵学との根本的な対立点が、それぞれの当事者の口を通して、鮮明に語られたわけである。それでは、永い戦国の争乱をくぐり抜けて次第に錬磨され、この時期、かたや信玄により、かたや信長・秀吉によって、おのおの完成の域を見た兵学の二大潮流は、その後いかなる展開を辿ったのであろうか。

第六章　徳川家康は希望の星

元亀三（一五七二）年、満を持した甲州軍団は怒濤の進撃を開始、三方原に鶴翼の陣を布いた徳川・織田連合軍を破り、野田城を攻め落とした。しかし、その征途半ばにして信玄の病状は急速に悪化、ついに翌年四月十二日、諸将の見守る中、信濃駒場で陣没した。

『甲陽軍鑑』品第卅九によれば、「都に旗をたて」んとする執念鎮めがたく、「御目をふさぎ給ふが、又山形三郎兵衛をめし、明日は其方旗をば瀬田にたて候へ、と仰らゝは、御心みだれて如レ此」と、さすがの信玄も死の間際に錯乱したことが見える。高坂弾正は、「おしむべし、おしかるべし、あしたの露ときえさせ給ふ」（同）と、その死を悼んだが、彼の死とともに西上の夢もまた消え去ったのである。遺言により、信玄の死は三年の間厳重に秘匿される。三回忌の法要が執り行われたのは天正三（一五七五）年四月であるが、それは運命の長篠合戦が戦われる一月前であった。

故意に守勢に回って織田軍を信濃の奥深く引き入れ、補給路を断った上で敵の疲弊に乗ぜよとの作戦が、勝頼に対する信玄の遺策であった。それは、血気にはやり好戦一辺倒の勝頼を憂えての措置であったが、勝頼はこれを無視し、連年積極的な対外侵攻をくり返した。そしてむやみに剛強を誇示せんとする彼の暴走は、やがて長篠における致命的敗北となって現れたのである。

武田家の衰運が明らかになるにつれ、「信玄公ねばねにて御他界の時、仰らるゝ。我死て後、謙信より外信長を押詰候はん者、日本に無ㇾ之」（品第五十三）と、甲州兵学はかつての仇敵である上杉謙信に期待を繋ぎはじめる。

「信玄公と謙信公は敵方にても、謙信とは弓矢大形一ツに候」（同）と評されるように、今や彼こそは東国武道の代表者であり、信玄に代わって西上を果たし、上方に対する東国の優位を実証してくれるであろう。現に謙信は、天正五（一五七七）年、七尾城を降して加賀・能登を席巻し、加賀手取川に柴田勝家や前田利家が率いる織田軍を撃破、「上方武士は思の外逃上手にてありけり」（『北越軍談』巻第三十九）と気勢を上げ、その先鋒は早くも越前に迫っていた。

天正五年、謙信は八カ国に及ぶ領国に総動員令を下し、翌年三月を期して信長と決戦するとの噂であった。『甲陽軍鑑』は、「来春輝虎上洛にをひては、謙信の鋒に信長向ふ事成まじく候」（品第五十三）と、謙信に上洛の夢を託す。しかしその謙信もまた、出陣のわずか二日前に突如不帰の客となった。

東国の両雄が相次いで没したのち、危機を脱した信長の軍事力は、急速に武田の勢力圏を脅かしはじめる。謙信の後を継いだ景勝に謙信のような強さはなく、越中魚津城を攻め落とされるなど、各地で織田軍に押しまくられ、上杉家の一門は次々に玉砕していた。ことに勝頼が長篠に大敗して、一挙に精鋭を失った後の武田家の凋落ぶりは甚だしく、家康に高天神城を攻略されるなど、『甲陽軍鑑』をして、「扨もゝか様に武田の御家左まへに成事、亥の年より六年已来日ををつて御備ちがひて一ツもよき事なし」（品第五十五）と嘆かせる有り様であった。

そして天正十（一五八二）年、ついに織田・徳川の大軍は甲斐・信濃・駿河に乱入、かねて勝頼に不満を抱いていた穴山梅雪など家臣団の離反によって、武田の軍事組織は一挙に崩壊する。勝ち誇った織田軍は、「武田四郎勝頼一門、親類、家老の者尋ね捜して悉く御成敗」（『信長公記』巻十五）と、徹底的な掃討戦を行う。新羅三郎義光以来二十八代、源氏の名門甲斐武田氏はここに潰え去った。

春日惣次郎は、「甲州くづれ」の悲報をはるか越中の異境で伝え聞いた。信玄在世中、ただの一兵たりとも敵の侵入を許さなかった故郷の山河は、今や織田の軍勢によって踏みにじられ、あまつさえ信長は、得意げに太政大臣近衛前久などを同伴し、至るところで傍若無人の振舞いを重ねているという。慨嘆の情を込めて、彼はその模様を描写する。

> 信長は甲州柏坂を越、駿河を一見有べきと有儀なり。然れば武田の高家退治の故、近衛殿も駿河通を参べきかと有事を、柏坂の麓にて然も下に御座有て奏者にて仰られ候へば、信長は馬上にて近衛わごれなンどは木曽路を上らしませと申さるゝ様子なれば、家老の川尻与兵衛もよろづ其家風なる故、昔の家作りは古風にて、皆まがりたるとて、川尻宿とてすぐなる路次を甲府にわり候。又地下の科人成敗して其制札に諸人に見せしめのために頸切懸置候なンどと、道もなき事に自慢する模様、仏法・王法も武士の政もよき事皆すたれり。
> （品五十八）

明らかに一つの時代が終わろうとしていた。東国に保存されていた良風美俗は、唾棄すべき上方の「町人に相似たる侍共」（品第五十四）の非道により、次々に破壊されていく。惜しみても余りあるは、雄図空しく挫折した信玄と謙信であり、憎むべきは、悪事を振りまきつつ世を堕落へ導かんとする、猿や犬にも等しき信長であった。

信玄公十年先、謙信公五年先に、両大将ながう天下へ赴(おもむく)とて俄(にわか)に病死なされ、其上勝頼公若気にて長篠の合戦あそばし、終(つい)に如レ件なれば、和朝(わちょう)のよき作法すたるべき為に猿犬英雄となりて道もなき事の繁昌すると見えたり　（品第五十八）

春日惣次郎は憤りのあまり、「正八幡御託(おんたく)には源氏の氏子(うじこ)をば末世まで守らんと宣(のたまう)もいつはりかと、神をも恨奉候なり」（同）と、神をさえ呪い、「今一度源家より国を治め日本国中のよき政を執行(とりおこない)給へかし」（同）と、悲痛な叫びを上げる。もはや祈ることのみが、かつて地下よりその身を投じ、幾多の栄光をともにした武田家に対し、落魄の彼がなし得る唯一の忠誠であり、それはまた、深い感動のうちに青春の日々を過ごした甲州軍団への、切々たる挽歌でもあった。

「仏法・王法も武士の政もよき事皆すたれ」る悪しき時代。信玄が心血を注いで完成させた甲州兵学も、このままむざむざと滅び去るのであろうか。悲嘆の淵に沈む甲州武士の前に、突如一筋の光明として浮かび上がったのが、彼等の永年にわたる宿敵、徳川家康であった。

織田軍が武田の旧臣を片っ端から捕らえて虐殺する間、家康は密かに彼等を匿(かくま)った。また「武田信玄に我居城岐阜の際までやかれたる口惜(くちおし)きとて墓処迄焼」（品第五十八）と、恵林寺を焼き払い、復讐に狂う信長に反し、家康は、「勝頼公御最期処に寺を建よと甲州先方衆に仰付られ」（同）、「敵の大将の為に寺を建らるゝ」「慈悲深キ大将」（同）であった。生き残りの甲州武士は、急速に家康に心を寄せはじめる。

家康に対する彼等の好意は、単に残党を庇護してくれたせいのみによるものではない。家康のこれまでの戦績を振り返るとき、彼こそが東国武道を体現する最後の武将であることは、疑う余地がない。『甲陽軍鑑』品第五十九は、「信長は度々の手柄有て少の儀をば不覚とも思はれず候。其仕形まねるは悪儀也。然処に家康我身にもかゝらざる事なる子細は、信長の大事を如何程家康すけ、江州箕作以来金ケ崎・姉川所々に見えたるごとく其上信長と申合たる筋目をたて、此取合を始唐国までもひゞく家康の手柄武勇也」と、家康の過去を讃える。

今や東国の雄となった家康は、信長の天下を引き継いだ秀吉と、尾張を挟んで敵対関係に入る。すなわち東国と上方との対決は、小牧・長久手の合戦における家康と秀吉の対決に凝縮された形となって現れたのである。

『甲陽軍鑑』がこの合戦での家康の勝利を、上方に対する東国の優位を再確認したものとして、欣喜雀躍したことは、すでに触れた。そしてこうした『甲陽軍鑑』の記述は、同時に東国武士の意識を代弁するものでもあった。品第五十九は、秀吉との対陣を控えた東国の状況を、次のように記す。

> 何様末代までも越度有まじきは第一武道は沙汰に及ばず、分別・慈悲ある人にて、寺社領を付、善事を肝要にせられ候故、武田の譜代衆尽家康を大切に存ずる也。已に午の年の暮に家康甲州・信濃を取て、未の年一年駿・甲・信三ケ国の衆を扶持し、申ノ年の春より大敵に向ひ給ふに、

三河・遠州衆のごとく駿河・甲州・信濃の者共、家康に能したしむ事、天の許大将は家康也。弓矢強の働は、信玄・謙信さて此家康也。

ここには、信玄・謙信から家康へと連なる東国武道の道統が明示される。今や家康は、東国武士の期待を一身に集め、上方兵学と対決する存在となった。

もとより甲州兵学においては、従来から家康に対する評価は高かった。しかしそれは、「本ヨリ家康ハ小身なる若気也」と、主に若年・寡兵をも顧みず、勇戦力闘する彼の健気さに向けられた評価であった。しかるに最後の品第五十九に至るや、「家康公日本第一の弓矢誉の名大将也」とか「天の許大将」と、家康には最大級の賛辞が贈られるようになる。信玄と謙信を失った現在、甲州兵学は徳川家康に自己の継承者を見出したのである。

徳川家康，三方原戦役肖像．徳川美術館蔵．

それでは、甲州兵学から多大の期待を寄せられた家康の側は、それにいかなる対応を見せたであろうか。『武田兵術文稿』によれば、天正十二（一五八四）年、尾州小牧に秀吉の大軍を迎え撃つに際し、家康は重臣井伊直政に向かい、「国政は必ず三河の先規に随うべし、軍法は必ず武田の兵制を用うべし」との命を発したという。上方との決戦を前に、家康もまた、自ら甲州兵学の後継者たらんことを宣言したのである。

その後家康は、関ヶ原に石田三成を破り、次いで大阪城を落城させる。この二度の敗戦により、信長・秀吉以来の上方の天下は完全に瓦解し、上方兵学もそれと命運を同じくして途絶えた。

家康の武田残党に対する好意は、江戸開府後も変わることなく、武田の旧臣であれば、小者・下僕の類いに至るまで、信玄の遺風を伝える者として、手厚く遇した。かつて、信玄が三方原に布いた魚鱗の陣の見事さに目を見張り、生涯に一度でもあのような陣備えをしてみたいものだと嘆息した彼にとって、信玄こそは私淑すべき永遠の師であった。家康は、三方原の敗北に打ちひしがれる己の画像を描かせ、終世自己の慢心の戒めにしたという(この画像は、現在名古屋市の徳川美術館に所蔵されている)。

春日惣次郎の死後、『甲陽軍鑑』は、以前高坂弾正の部下であり、かつ『甲陽軍鑑』最後の執筆者の一人でもあった小幡下野の一族、小幡景憲の手に渡る。家康の命により、旧武田軍を模した井伊家の赤備えに加わり、大坂の陣に武功を立てた景憲は、その後『甲陽軍鑑』を教典と定め、さらに自説をも増補して、いわゆる甲州流兵学を集大成した。将軍家光に兵学を講義した北条氏長はその門人であり、以後甲州流兵学は種々の分派を生み出しながら各地に伝播・浸透して、江戸時代全期にわたり日本兵学の中心的地位を占め続けたのである。

佐渡に漂泊の日々を送り、家康によって甲州兵学が継承されんことを願いつつ、失意のうちに世を去った春日惣次郎の遺志は、ここに報われることとなった。戦国の世を生きた東国武士は、中世最後の光芒を放って消えていった。『甲陽軍鑑』は、そうした男たちの情念の叫びである。

第七章　甲州流兵学からプロシア兵学へ

古代中国の軍隊は、春秋時代までは卿・大夫・士といった貴族階層、身分戦士によって構成されていた。将軍はまだ専門の官職ではなく、おもに卿・大夫の中から君主が随時任命した。このため動員できる兵力にも、おのずと限界が生ずる。春秋時代前半では、大会戦の場合でも兵力数はせいぜい二万人程度であり、春秋後半になっても三、四万から十万ほどに止まっている。

軍隊構成とならんで、戦争形態を決める大きな要素は、兵器の性格である。古代に中原で使用された主力兵器は、二頭ないし四頭の馬に引かせ、御者と戦闘員が乗り込んだ戦車・兵車であり、千乗の君とか万乗の国といったように、国力は保有する戦車の台数で表示された。このような戦車が、数百乗から千乗あまりも車列を組んで戦うのであるから、険しい地形は戦闘に適さず、戦場は必ず平坦な地形でなければならなかった。そのため平原で砂塵を巻き上げながらくり広げられる戦車戦が、当時の一般的な会戦の姿だったのである。

こうした兵器の性格は、軍隊が誇り高い身分戦士から成っていた点と並んで、貴族的倫理や儀礼に従った、戦闘の様式化をもたらす。あらかじめ会戦の日時と場所を取り決め（請戦）たり、両軍が車列を整え終わると、勇士が敵陣に進み出て、挑戦（致師）したりする様式が行われた。また戦闘開始後も、一方の車列が乱れて全軍が統制不能に陥ったり、指揮官が捕虜になったり、敵に背を見せて敗走したりすると、そこで勝敗は決したと判定され、勝者もそれ以上に追撃して、徹底的に敗者を打ちのめすような行動は取らなかった。要は外交上の紛争に戦場でけりが付けばそれでよかったのであり、何より大切なのは、双方の戦士によって演じられる、華麗にして勇壮な戦場の美学であった。[*]

＊ 春秋時代に中原で行われた戦車戦の兵学を伝える文献としては、魯の将軍曹沫が荘公（在位、前六九三―前六六二年）に戦車戦の戦術を説く上博楚簡『曹沫之陳』を挙げることができる。これは上海博物館が所蔵する戦国中期の竹簡に記されたもので、現存する最古の兵学書である。その兵法の詳細については、拙稿「『曹沫之陳』の兵学思想」（『戦国楚簡研究二〇〇五』、『中国研究集刊』別冊特集第三十八号、二〇〇五年）参照。

平原での戦車戦では、短期間に勝敗が決する。しかも多くの場合、一度の会戦がそのまま戦争全体でもあったため、戦争期間も極めて短く、ほとんど二日か三日で終わった。もとよりこれは野戦の場合で、攻城戦になると長引く。だがそれでも、守備側は城郭の規模が小さく、防御兵器も未発達であり、一方の攻撃側も補給力が貧弱なため、長期の攻防戦はともに不可能で、だいたいは数日から数カ月内に決着が付いた。そのため戦争は、後の戦国時代のような、国家間の総力戦・消耗戦といった、苛烈な様相を呈してはいなかった。このように春秋時代の中原地域での戦争が、一度の戦闘がそのまま戦争全体でもある単純な形を取ったため、勝敗を決める要因としては、戦士個人の武勇や伎倆が重んじられ、戦略や戦術が占める役割は、まだまだ低い段階に止まっていた。戦術の巧妙さによって勝利を得ようとする考えは、すでにこの時代にもあったが、それはおもに、わざと退却して、追撃してきた敵の中央部隊を両翼から挟み撃ちにするといった類の、戦場内での軍の駆け引きを意味した。当然のことながら、戦争全般の諸原理を追究する軍事思想は、いまだ体系化されるには至らなかったのである。

その後、戦国時代になると、勝敗の鍵を握るのは結局兵力の多寡だとの認識が各国に広まり、一般の農民を徴募して、大量の歩兵を軍隊に動員する風潮が広まった。歩兵中心の軍隊構成は、戦術の面でも一大変革をもたらした。戦車に比べ歩兵は地形の制約を受ける度合いがはるかに低く、それだけ作戦行動が自由になる。つまり歩兵は、戦車には越えられない森林・山岳・水沢などの険しい地形をも楽に突破できる。しかもそうした地形を利用して、行軍経路を敵の目から覆い隠せるのである。

そこでこの二つの利点を生かして、複雑な戦術を組み立てることが可能となる。兵力を数隊に分けて進撃させ、目的地を見破られぬように偽装しながら、あらかじめ打ち合わせた地点に急速に兵力を集中する、分進合撃法を用いた敵軍の分断と各個撃破、囮(おとり)部隊によって本隊の攻撃目標を敵に誤認させる陽動作戦、険しい地形に兵力を潜ませての奇襲や待ち伏せ、進軍を秘匿した迂回による敵軍の包囲や背後遮断などがそれである。

その結果、それまでのような両軍対陣後の会戦といった様式以外に、戦闘そのものが完全な詭計によって仕組まれるといった、新たな戦闘形態が発生してくる。したがって敵を欺く詭詐(きさ)・権謀は、もはや一個の会戦内にのみ限定されることなく、開戦時期の選択から、各部隊の出撃や移動、敵軍の捕捉・攻撃、軍の撤収に至るまで、およそ軍事行動の一切を覆い尽くすことになる。戦場から戦士的倫理は駆逐され、兵力数と物量を重視するとともに、詭詐・権謀を主体とする兵学が興ってくる。「兵とは詭道なり」（計篇）と断言する『孫子』は、こうした兵学の先駆けとして形成された。

また一般の農民から徴募された兵士は、貴族のような身分戦士ではないから、戦意に乏しく、戦闘伎倆も未熟で、嫌々従軍しているので、隙あらば脱走しようとする。こうしたやる気のない兵士を動員して戦わせようとすれば、彼等の個人的武勇に頼ることは期待できない。そこで『孫子』は、敵を欺いて勝つ戦術を重視するのである。

『孫子』九地篇が、「兵士は甚だしく陥(おちい)れば則ち懼(おそ)れず」とか、「已むを得ざれば則ち闘う」と述べるように、兵士の戦意は乏しく、戦闘伎倆も未熟なため、勝敗を決するのは、まず兵力の多寡であり、次には戦場への軍の巧みな誘導だったからである。

一方日本では、中国から導入した律令制の崩壊とともに、軍の中核が常に身分戦士たる武士階層で占められた結果、軍事力の強化は、戦技の向上や指揮命令系統の整備など、軍の精鋭さを競う方向で進められた。勝敗を決するのは、戦闘における両軍の武勇であり、戦術的勝利はそのまま戦争全体の勝利に直結したのである。*

＊ すなわち中国においては、周の封建体制に伴う身分戦士制から、君主・官僚制を取る中央集権体制下の徴募農民兵へと移行したのに対して、日本では、中国から移入された律令体制下の徴募農民兵が、均田制の崩壊とともに、封建体制下の身分戦士へと移行したのであり、両者は全く逆方向を辿ったことになる。なおこの点の詳細については、拙著『孫子』（講談社学術文庫、一九九七年）の「解説」参照。

「兵道とは能く戦うのみ」とする『闘戦経（とうせんけい）』の言は、以上の日本的特色を最も端的に表現しており、少数の精鋭部隊を厳重な指揮系統の下に管理し、全軍一丸となって敵陣に突入する戦法を特技とする謙信流兵学は、こうした路線の極致と言える。

信玄の場合は、これに比べるとはるかに柔軟であり、眼前の戦闘にのみ視野を限定せず、より戦略的な諸条件をも考慮しようとする、幅の広さを窺うことができる。しかし彼においても、軍事力の基礎はあくまで軍の精鋭さにあり、したがってその兵学思想が武勇の発揮を尊重する価値観で貫かれる点は、やはり謙信と変わるところがない。

すなわち謙信や信玄においては、個々の戦闘で敵に弱みを見せることは、ただちに自己の軍事力の弱体を意味するものとなり、断じて許されぬ武道の不名誉として、倫理的な嫌悪が加えられたのである。

これに対し、信長や秀吉に代表される上方兵学の場合は、「町人に相似たる」上方武士の惰弱さを前提にしなければならず、質朴・勇強な東国武士の気風に支えられた謙信や信玄のような方向では軍事力の強化は望めない。無論、武勇尊重の観念自体は上方であっても存在するが、それは多く理念に止まり、個々の武士に具現するまでには至らないのである。

そこで上方においては、精鋭部隊の育成とは別の角度から、軍事力の強化策が追究される。それは鉄砲や装甲戦艦など、新兵器の開発と量産による直接的戦闘力の補強であり、あるいは、兵士の大量動員体制の確立や、兵站能力の充実、高度な土木技術の保持などによる、間接的軍事力の強化であり、さらにはそれらすべてを根柢で支える経済力の掌握であった。

総合戦力での優位を目指すこうした思考は、同時に、個々の戦術的敗北には目をつぶっても、最終的勝利さえ得られればよしとする戦略重視の発想と深く結び付いている。「人数一万・二万死たるとても、それに信長はこまる事もなし」との豪語は、裏を返せば、容易に損害を補充できる態勢を固めた信長の自信から発せられたのである。したがって上方兵学において、東国のような武道の倫理が至上の価値を持たなかったのは、当然の帰結としなければならない。

甲州兵学と上方兵学との対立点は、極端に単純化すれば、量より質か、質より量か、そして直接的戦闘か、間接的戦略か、との図式にまとめられる。もとよりこの両者は、兼備されるのが理想ではあるが、与えられた歴史的条件の差異によって、東国と上方はそのいずれか一方の側に傾斜を深めつつ、おのおの独自の兵学思想を形成したのである。

上方の風土を母胎に成立した上方兵学は、それまでとは全く異なるやり方で、急激に全国統一を成し遂げた。それだけに、そこには日本の伝統的土壌とは適合しない要素が多く、結局のところ一時のあだ花として消滅した。家康が上方兵学ではなく甲州兵学を採用した事実は、江戸幕府が東国大名の発展形態であったこと、そしてまた安土桃山時代が前後とは大きく断絶した異質な世界であったことを示す一端である。

ともあれ、甲州流兵学は日本兵学の精華として不動の地位を占め、以後永く日本の軍事思想の根幹を規定し続けた。わずかに江戸後期の島津藩に興った薩摩合伝流が、甲州流兵学を排して『孫子』を基本とし、島津斉彬の西欧軍事技術の導入政策と相俟って、物質的基盤を重視する独特の兵学思想を構築し、異彩を放つ。その成果はやがて戊辰戦争で発揮された。ところが一八七七年に西南戦争が勃発し、薩摩藩士が大量に陸軍を辞し、旧長州出身者が陸軍の大半を占めるに及んで、精鋭部隊の勇戦奮闘に勝利の鍵を求める風潮が、再び日本の軍事思想界の主流となる。

維新後、当初甲州流兵学に代えてフランス兵学の採用を考えていた明治新政府は、モルトケが指導した普仏戦争（一八七〇—七一年）でのプロシアの勝利を見て、ドイツからメッケル陸軍少佐を招聘し、プロシア兵学を導入する方針を採った。

西欧における軍事思想の発展を振り返れば、その本格的な歩みは、フランス王シャルル八世のイタリア侵入を契機として、十五、十六世紀のマキァヴェリからようやく開始される。しかも西欧近代兵学は、封建騎士軍以来の中世的残滓や、さらには貨幣経済の発達に支えられた絶対王政下の傭兵制度などの時代的制約の間を、その後数百年にわたって試行錯誤し続けなければならなかった。

西欧近代兵学が、緩慢な運動、歩哨線方式による兵力の分散配置、主力軍による決定的会戦の回避、地形に対する過度の信仰、観念的幾何学主義、軍旗の争奪戦など、過去の過てる遺産と訣別して、軍事思想として独自の完成を遂げるためには、実にフランス国民軍が欧州全土を席捲した、十八、十九世紀のナポレオン戦争の衝撃を待たねばならなかった。

ナポレオンは国民皆兵の徴兵制度を採用し、ヨーロッパ大陸の制覇を目的に大陸軍を編制した。それ以前のヨーロッパで広く採用されていたのは、外国人を金銭で雇う傭兵制の軍隊であった。ところが傭兵にはスイスの出身者が多く、戦場で相まみえてみれば、お互い同郷の知り合いという場合が少なくなかった。そのため、派手なパフォーマンスの割には死傷者が少なく、本格的戦闘は稀であった。

だがナポレオンが率いたフランス国民軍は、ナショナリズムの精神が旺盛で、敵愾心が強く、激戦を厭わず敵軍を徹底的に撃破する戦法を取った。そのためロシア軍、オーストリア軍、それにプロシア軍は、戦争を陣取りゲームと考えるそれまでの常識が通用せず、意表を突かれて、アウステルリッツの会戦（一八〇五年）、イエナの戦い（一八〇六年）と敗北を重ねた。フィヒテの演説「ドイツ国民に告ぐ」に象徴されるように、国民という概念が軍事と結合する時代が訪れたのである。

この反省の上に立って形成されたのが、カントやヘーゲルなどドイツ観念論の強い影響下に発展し、クラウゼヴィッツ『戦争論』によって一応の理論的完成を見たプロシア兵学である。クラウゼヴィッツがナポレオン戦争の教訓に基づいて提唱した、兵力集中による決定的会戦の重視、敵兵力の殲滅(せんめつ)こそ戦争の基本形態であるとの定義、敵国の完全打倒を目指す絶対戦争の概念などは、抜きがたい固定観念として西欧軍事思想の底流を形成した。特に西欧近代兵学の精華たるプロシア兵学は、カルタゴの将軍ハンニバルがローマ軍を破ったカンネー会戦（前二一六年）のモルトケによる普遍化・絶対化などの要素を付け加えながら、その形而上的色彩をいっそう顕著にしていった。

そのため、このとき日本に輸入されたプロシア兵学も、クラウゼヴィッツ・モルトケ以来の伝統を承け、戦争の本質は敵兵力の殲滅にありとして、決定的会戦を重視するなど、直接戦闘を主体に戦争を捉える傾向が顕著であった。この点で、日本兵学とプロシア兵学とは、一脈通ずるところがあったと言える。従来よりの日本兵学の基盤の上に、さらにこうしたプロシア兵学が招来されたことにより、戦争を直接戦闘の集積と見なして、戦略的配慮より戦術的勝利を優先させ、補給能力や兵装の充実などの物質的要素を軽んじ、ひたすら軍の精強さを恃む精神が、以後日本軍の抜きがたい体質となった。

近代日本は、日清戦争、日露戦争、大東亜戦争と、プロシア兵学の忠実な信奉者として戦い続けた。戦線は中国大陸、東南アジア、インド洋、マダガスカル、ハワイ、ミッドウェイ、ニューギニア、ソロモン諸島、オーストラリア、アリューシャン列島、アラスカへと拡大したが、アジア最強の軍隊を待ち受けていたのは、日本全土を焦土と化す、戦史未曾有の惨敗であった。

第二部 『甲陽軍鑑』偽書説をめぐる研究史

――偽書説はなぜ生まれたか――

『長篠合戦図屏風』（部分）．犬山城白帝文庫蔵．

第一章　偽書の烙印

――『甲陽軍鑑』悲劇の開始――

江戸時代の末期に武家の子として生まれ、幼くして父を亡くすも貧困にめげることなく学問を志し、明治三十六（一九〇三）年に文学博士の学位を取得、その後、遂に東京帝国大学教授の地位に昇った田中義成（よしなり）という学者がいた。

人生を要約して道徳の教材に載せてもよさそうな人物である。

この田中が明治二十四（一八九一）年に「甲陽軍鑑考」という論文を発表した。『甲陽軍鑑』は偽書であり、史書として信頼できないという論旨である。

これ以降、日本中世史の研究において『甲陽軍鑑』は偽書として扱われるようになった。『甲陽軍鑑』を用いて研究することは禁忌となり、それを破ろうものなら研究者失格と見なされるようになったのである。やむを得ず用いる場合は、並行史料のある箇所に限り、他の史料で裏が取れたことを弁解しながら、最低限度の使用に止めるのが作法となった。

広くその存在を知られ、また実際に読まれてきた『甲陽軍鑑』が、田中の「甲陽軍鑑考」で偽書の烙印を押されて以来、今日に至るまでその汚名を雪げずにいることは、世間一般にはあまり知られていないかもしれない。

本稿はその経緯を、可能な限り平易に紹介することを目的とする。

始めに、この場合の偽書とは何か、について簡単に説明したい。

学問の俎上で歴史を論じる場合、守らねばならない基本的なルールがある。

まず、証拠に基づいて議論せねばならない。歴史学の場合、証拠は史料である。古文書や古記録、建築物や絵画、遺構や遺物、場合によっては伝承などを用い、歴史を論じる。証拠を示さずに好き勝手を言ってはならないのである。

次に、その証拠にはきちんと証拠能力がなければならない。その史料に証拠能力があるのか否か、あるのであればどの程度あるのか、よく吟味する必要がある。この作業を史料批判という。

例えば、戦国時代に書かれたと伝わる書状があったとしよう。内容には特に不審点がなかったとしても、紙の所々に酸化したようなシミがあったらどうだろうか。

その書状は酸性紙に書かれたものと推測される。戦国時代に酸性紙はない。あったのは和紙である。和紙は酸化しないので、酸化のシミが確認できる時点で、その書状は戦国時代でなく、明治以降に作られたと考えられる。もしかしたら戦国時代の書状を明治以降に書き写したものかもしれないが、オリジナルの原本が特定されない限り、でっち上げの可能性が残る。となると、その書状単独では、戦国時代を論じる史料として証拠能力に欠けると判断せざるを得ない。

逆に、物質的な面においては完全に戦国時代のもののように見えても、内容が怪しい場合もあるだろう。織田信長が徳川家康に宛てた書状があったとする。両者は同時代に生存していたので、ここまでは問題ない。だが読んでみたところ、信長が江戸幕府の政策に批判を加えている内容だったとしたら、やはり史料としては信頼できないことになる。

これらは極端な例だが、つまり何を言いたいのかというと、単に証拠を示せばいいのではなく、その証拠に証拠能力があることも示す必要がある、と言いたいのである。

さらに、証拠は開示されていなければならない。真偽を第三者が追試できなければ議論のしようがないからである。誰にも見せないけど我が家の蔵の書物にはこう書いてあるとか、書名も著者も忘れたがこういう記述が確かにあったとか、そういう与太話の類いはダメなのだ。

こうしたルールを共有している前提で、研究者は議論をする。議論の蓄積により、諸説乱立していたものが、幾つかの有力な学説にまとまっていく。あるいは一つの通説に収斂される場合もあるだろう。史料批判も同様で、信頼度の高い史料、そうでない史料に分類されていく。中には、全く史料価値がないと判断されるものもある。

要するに偽書とは、史料批判の結果、史料として失格となった書物である。

つまり田中は、『甲陽軍鑑』は戦国時代を論じる場合の証拠能力を持たない、としたのである。

田中はどのように偽書と結論付けたのか。

「甲陽軍鑑考」は偽書説の発端となった論文であり、また非常に短い論文でもあるので、全文を引用したい。

甲陽軍鑑考

田中義成

甲陽軍鑑　二十四冊

此書部ヲ分チ、法度之巻（信玄ノ五十七ヶ条等ヲ記ス）、犛牛之巻（当時諸将ノ成敗ヲ論ス、犛牛ハ尾ニ剣アリ自ヲ甜リテ舌ヲ傷ク、法華経ニ出ツ、愚人ノ自ラ用ヒテ禍ヲ取ルニ喩フ）、人数積之巻（人数ノ制ヲ記ス）、合戦之巻（信玄一代ノ合戦ヲ記ス）、石水寺物語（信玄ノ物語ヲ記ス、甲府本城ノ北ニ石水寺山アリ、支城ヲ設ク）、軍法之巻（信玄ノ軍法ヲ記ス）、公事之巻（政刑等ヲ記ス）、将来之軍記（勝頼ノ事蹟ヲ記ス）、ノ八種トス、毎巻ニ高坂弾正ノ署名アリ、天正六年以下ハ其姪春日総次郎ノ続成トス、（弾正ハ天正六年ニ死ス）然レトモ前人往往之ヲ疑ヒ、聚訟シテ決セス、遺老物語・武芸小伝・翁物語・中興武家雑説後編等ハ高坂ノ自記トシ、且物語ニ高坂ノ原本ハ十九冊ナルヲ宇佐美三木之助ナルモノ之ヲ攙改スト云ヒ、（宇佐美ハ名ヲ定祐ト云ヒ、好テ文書記録ヲ偽造スレト、其文浅近ニシテ軍鑑ヲ増損スルニ足ラス、）雑説後編モ十九冊本ヲ高坂ノ手定トシ、印本ハ春日小幡ノ書入ヲ混入スト云ヘリ、軍鑑辨疑・甲斐国志ニ小幡景憲ノ纂輯トシ、且国志ハ信玄全集（軍鑑ト同書異名）、毎冊ノ尾ニ尾畑勘兵衛書之トアルニ拠リ、全集ヲ以テ軍鑑ノ原本トナス、（余カ見シ本ニハ小幡ノ署名ナシ、）記録解題（旧幕府編纂）ニ引ケル或説ニハ、益田式部少輔秀成ナルモノ高坂ノ遺文ヲ綴輯ストス、武功雑記ニハ、「山本勘介ノ子関山派ノ僧ニテ、学文チトアリシカ、甲州信州ノ間ニテ信玄ノヿナト覚書シテオキタル反古ナトヲ取アツメ、吾親ノ勘介事ヲ結搆ニツクリカキタルナリ、是ヲ高坂弾正カ作トイツハリテ書タルナリ、此僧後ニ井伊掃部頭殿家中ニ甲州者ノ居タルニヨリ、（〇小幡ハ井伊氏ニ隷セシコトアレハ、茲ニ甲州者トアルハ、小幡ナラン、）弥甲州ノ事ナト書アツメテ、甲陽軍鑑ト名ツケシナリ、末書（〇軍鑑末書二十冊アリ、）ハ猶以ツクリモノナリ」トアリ、畠山入菴・荻生茂卿・天野信景・伊勢平蔵等、亦皆疑テ偽書トナス、之ヲ要スルニ、其説五ニ帰ス、曰高坂、曰小幡、曰益田、曰関山僧ト、其孰レカ是ナルヲ詳ニセザレド、余ヲ以テ之ヲ観ルニ、小幡ノ綴輯ニシテ、其本ク所大凡三アリ、曰高坂ノ遺記、曰関山僧ノ記、曰門客ノ説ナリ、而シテ之ニ雑フルニ己ノ見聞スル所ヲ以テスルニ似タリ、何トナレハ道牛事歴景憲ノ自記ニテ、道牛ハ其号ナリ、ニ拠ルニ景憲ノ父祖ハ高坂ノ部下ナレハ、或ハ其遺記ヲ伝ヘタルカ、石水寺物語ノ中、晴信ノ言行ヲ記スル条ニハ、間々実説ト認ルモノアリ、遺記ノ文或ハ是ナリ、山本勘介ハ山県昌景ノ一部卒ニ過キズ、而シテ本書極メテ之ヲ推尊シ、晴信ノ軍師トナスハ、蓋関山僧ノ記ニ出ツ、又景憲伝正保四年門人等ノ記スル所、ニ「景憲天性不レ欲レ立二人之宇下一、有下睥二睨燕雀一之知、慕二鴻鵠一之志上、唯所レ願先君信玄公創業垂統之規矩、殊軍旅之制法詳レ之、故甲信両国士普入二其門一、尋二探故実一、委曲記二録之一、悉綴二集其語一、為二五十帖一、名号二甲陽軍鑑一」トアレハ、門客ノ説ニ取ルコト亦明ケシ、而シテ其景憲ノ筆ナルハ道牛事歴ト同一文体ナルヲ以テ知ルヘシ、而シテ之ヲ高坂ニ托セシナリ、其世ニ行ハレシハ寛永ノ頃ヨリト見エ、畠山入菴寛永十二年ニ之ヲ読ミシコト、続武者物語ニ見エ、同十五年書写ノ元就記ニモ之ヲ引ケリ、刊本ハ明暦板ヲ以テ最首トシ、異本十八種アリト、甲斐国志ニ見ユ、蓋本書編纂ノ主旨ハ、甲州軍法ヲ伝フルニ在リ、故ニ軍鑑ト曰フ、信玄全集ニモ、巻中ニハ甲陽軍鑑全集トアリ、其合戦ノ巻ニ至テハ往々英雄ヲ借リテ兵法ヲ説クモノアリ、後世史氏認メテ事実ト為シ、之ヲ史編ニ載スルニ至ル、今其誤謬ノ最モ大ナルモノヲ挙ケンニ、天文十年信虎民心ヲ失ヒ、国ヲ治ルコト能ハス、晴信已ムヲ得スシテ之ヲ駿河ニ送リ、今川義元ニ托ス、信虎諾シテ行クコト、信虎義元ノ書牘・及、妙法寺記・諏訪神社記録ニ明ナリ、而シテ本書之ヲ天文七年ニ係ケ、父ヲ逐フトナス、後人従テ狂悖ト呼フニ至ル、晴信ノ村上義清ヲ破リ、信濃北部ヲ併ハス、天文二十二年ニシテ、亦妙法寺記・二木寿斎記ニ詳ナリ、本書以テ十四年トス、小笠原長時ヲ破リ、信濃南部ヲ併スハ、天文十八年ニシテ、二木寿斎記・小笠原歴代記ニ出ツ、本書以テ二十二年トス、年月ノ錯繆スラ此ノ如シ、随テ前後矛盾シ殆ト条理スベカラス、又晴信ノ削髪シテ信玄ト号スルヲ、天文二十年二月トスレトモ、永禄元年閏六月十日マデノ文書ニハ、皆晴信トアリ、同二年十一月ノ文書ヨリ信玄ト書スレハ、其法名ヲ命セシハ、永禄初年ナルコト明ケシ、而シテ猶髪ヲ去ラサリシト見エ、高野山ニ画像アリ、其弟信廉ノ筆ニテ晩年ノ容ナリ、頂後僅ニ禿髪ヲ結ヘリ、蓋其志織田氏ニ代リ、海内ニ主盟タラント欲シ、猶枯皓ノ余ヲ蓄フル歟、蓋仏戒ヲ受レハ輙チ法名ヲ命ス、必シモ髪ヲ去ラス、上杉謙信モ亦然リ、但天正四年僧大円ノ喝ニ、「晩入㆓瑞雲㆒授㆑衣授㆑戒、円顱浮屠相」トアレハ、或ハ死前二三年初テ髪ヲ除キシナラン、又信玄ノ死スル諏訪湖ニ沈ムトスレトモ、其墓ハ甲斐恵林寺東山梨郡松里村ニ在リ、同寺現ニ葬時ノ偈文ヲ在ス、其文ニ拠レハ城中ニ殯スル三年ニシテ喪ヲ発シ、恵林寺ニ葬ルナリ、後人之ヲ詳ニセス、従テ荒怪ノ説ヲ揑造セシ歟、大内氏ノ亡ハ天文二十年ナリ、山本勘介之ヲ天文十六年ニ言ヒ、松永久秀ノ亡ハ天文五年ナリ、高坂之ヲ天正三年ニ言フノ類ニ至テハ、鹵莽モ亦極レリ、或ハ云ク此書モト未定稿ナルヲ、小幡ノ門人私ニ謀リテ梓行ス、景憲之ヲ悔ユト、然レトモ韜略ノ得失ヲ論シ、器制ノ利害ヲ講スルニ至テハ、実ニ近古兵書ノ祖ナリ、小幡氏ハ世々武田氏ニ仕フ、景憲天正元年ニ生レ、武田氏亡フルニ至リ、徳川家康ニ仕フ、文禄四年脱シテ四方ニ游ヒ、兵術ヲ練修シ、兼テ禅理ヲ研ス、故ニ本書ニ仏語多シ、関原ノ役、井伊直政ニ隷シテ功アリ、大坂ノ役又欸ヲ家康ニ投ス、而シテ猶武田氏ヲ念ヒ、為メニ其墓ヲ修メ、景徳院甲斐東八代郡田野ニアリ勝頼ノ墓所、ノ永続ヲ謀ル、晩年心ヲ著述ニ潜メ、本書ノ外竜書虎書豹書ヲ撰ス、寛文三年二月十五日歿ス、年九十一、恵林寺ニ塔アリ、徒弟甚盛ニシテ、北条氏長・山鹿義規輩出ス、而シテ後ノ本書ヲ祖述スルモノ、甲陽合戦伝記五冊・甲陽合戦日記一冊・甲陽雑記零篇・甲陽合戦覚書一冊・甲信発向記一冊・甲陽軍鑑評判一冊等アリ、而シテ宇佐美定祐ノ甲越五戦記校正ハ、本書ヲ駁シテ反テ誤ルモノナリ、

（『史学会雑誌』一四号、一八九一年）

以上が偽書説の発端となった田中の「甲陽軍鑑考」である。この論文は次のような論旨を展開している。

「甲陽軍鑑考」の論旨

『甲陽軍鑑』は、法度之巻・犛牛之巻・人数積之巻・合戦之巻・石水寺物語・軍法之巻・公事之巻・将来之軍記の八つの部分からなり、毎巻に高坂弾正の署名がある。天正六年以降は春日惣次郎が続成したことになっている。

しかし作者については江戸時代から疑義があり、諸説ある。余（田中義成）が検討した結果、小幡景憲が綴輯したものである。

景憲が依拠したものはおよそ三つあり、「高坂ノ遺記」「関山僧ノ記」「門客ノ説」である。景憲の父祖は高坂の部下だったので、「高坂ノ遺記」が伝えられたのかもしれない。史実と認めら

れる記事を含むのはこれによる。山本勘介は山県昌景の一部卒に過ぎないのに、『甲陽軍鑑』が勘介を推尊し、晴信の軍師としているのは「関山僧ノ記」のためである。『景憲伝』の記述により、「門客ノ説」が原史料だったことは明白である。

景憲の自記である『道牛事歴』と同一文体で書かれているため、『甲陽軍鑑』は景憲の筆によるものである。景憲が高坂弾正の作であるかのように作ったのである。成立は寛永年間と思われる。景憲の編纂目的は甲州軍法を伝えることにあり、そのために軍鑑と名付けている。合戦之巻では英雄に仮託して兵法を説いているが、これが史実だと誤認されて史書に載録されてしまったのである。

『甲陽軍鑑』の誤謬の最も ひどいものを挙げる。天文十(一五四一)年に信虎が民心を失い、国を治めることができなくなったため、晴信はやむを得ず信虎を駿河に送り、今川義元に托した。これは信虎も承諾していたことである。これらは信虎と義元の書簡や『妙法寺記』、諏訪神社の記録から明らかである。しかし『甲陽軍鑑』はこの出来事を天文七年とし、晴信が信虎を追放したとしている。晴信が村上義清を破って信濃北部を領有したのが天文二十二(一五五三)年であることは『妙法寺記』『二木寿斎記』により詳らかになっている。しかし『甲陽軍鑑』はこれを天文十四(一五四五)年としている。晴信が小笠原長時を破って信濃南部を領有したのが天文十八年であることは『二木寿斎記』『小笠原歴代記』に書いてある。『甲陽軍鑑』はこれを天文二十二年としている。『甲陽軍鑑』によれば、晴信が剃髪して信玄と名乗るようになったのは天文二十年二月である。しかし永禄元年閏六月十日までの文書には晴信とあり、永禄二年十一月の文書から信玄と書いてある。このことから晴信が信玄となったのは永禄初年である。また、信玄の晩年に書かれた肖像画には僅かながら髪がある。剃髪は死の二、三年前ではないか。『甲陽軍鑑』には、信玄の遺体を諏訪湖に沈めたと書いてある。しかし信玄の墓は甲斐の恵林寺にある。大内氏の滅亡は天文二十年である。しかし『甲陽軍鑑』の中で山本勘介は天文十六年と言っている。松永久秀が亡ぶのは天文五年である。『甲陽軍鑑』の中で高坂弾正は天正三年と言っている。

『甲陽軍鑑』は古今の兵書の祖である。

小幡氏は代々武田氏に仕え、景憲は天正元年に生まれた。武田氏が滅亡すると徳川家康に仕えた。文禄四（一五九五）年に家康のもとを去り、流浪しながら兵術や禅理を修めた。『甲陽軍鑑』に仏語が多いのはそのためである。関ヶ原の戦いでは井伊直政の麾下（きか）で武功を上げ、大坂の陣で家康のもとに戻ったが、なお武田家を思い、その墓を修めて景徳院の永続を図った。晩年は著述に専心し、『甲陽軍鑑』のほかに『竜書』『虎書』『豹書』を残した。寛文三（一六六三）年二月十五日に、享年九十一歳で没した。恵林寺に塔がある。

景憲の一門は栄え、門弟から北条氏長や山鹿義規が輩出された。後に『甲陽軍鑑』を下敷きにして多くの書物が成立した。『甲陽軍鑑』に反駁しようとして反って誤記を含んだものもある。

以上が「甲陽軍鑑考」の論旨である。なぜ偽書なのか。誰が何のために、どのようにして偽書を作ったのか。田中の説を整理したい。田中は偽書と判断した根拠を七点挙げている。

(1) 天文十年に信虎が民心を失い、国を治めることができなくなったため、晴信はやむを得ず信虎を駿河に送り、今川義元に托した。これは信虎も承諾していたことである。これらは信虎と義元の書簡や『妙法寺記』、諏訪神社の記録から明らかである。しかし『甲陽軍鑑』はこの出来事を天文七（一五三八）年とし、晴信が信虎を追放したとしている。

(2) 晴信が村上義清を破って信濃北部を領有したのが天文二十二（一五五三）年であることは『妙法寺記』『二木寿斎記』により詳らかになっている。しかし『甲陽軍鑑』はこれを天文十四（一五四五）年としている。

(3) 晴信が小笠原長時を破って信濃南部を領有したのが天文十八年であることは『二木寿斎記』『小

(4)
笠原歴代記』に書いてある。

『甲陽軍鑑』は天文二十二年としている。

『甲陽軍鑑』によれば、晴信が剃髪して信玄と名乗るようになったのは天文二十年二月である。

しかし永禄元（一五五八）年閏六月十日までの文書には晴信とあり、永禄二年十一月の文書から信玄と書いてある。このことから晴信が信玄となったのは永禄初年である。また、信玄の晩年に書かれた肖像画には僅かながら髪がある。剃髪は死の二、三年前ではないか。

(5)
『甲陽軍鑑』には、信玄の遺体を諏訪湖に沈めたと書いてある。

しかし信玄の墓は甲斐の恵林寺にある。

(6)
大内氏の滅亡は天文二十年である。

しかし『甲陽軍鑑』の中で山本勘介は天文十六年と言っている。

(7)
松永久秀が亡ぶのは天文五年である。

『甲陽軍鑑』の中で高坂弾正は天正三年と言っている。


これらが、田中が指摘した偽書たる根拠である。
(1)は『甲陽軍鑑』の記述が史実と異なり、かつ年号も間違っているとの指摘である。父信虎が駿河に移る点で一致していても、円満に移ったのか、追われてそうなったのかは大きな違いである。その上、年号も誤っているとなれば、史書として信頼できない根拠として有力であろう。田中が先頭に持ってきたのも頷ける。

(2)と(3)は純粋に年号の誤りを挙げている。

ここまで指摘したところで、田中は「年月ノ錯繆スラ此ノ如シ、従テ前後矛盾シ殆ト条理スベカラス」と述べている。年月日の誤りが多くて歴史の筋道が整然としないことに怒っているかのようである。

(4)は(1)と同じく記述内容と年号双方に誤りがあるとの指摘。『甲陽軍鑑』が天文二十年二月にまとめている二つの出来事が、史実としては二段階にわかれていたとし、信玄と名乗るようになったのは永禄初年、剃髪は死の二、三年前だったのではないかと述べている。

(5)で史実と異なる記述があると指摘して、(6)と(7)で再度年号の誤りを挙げている。

この七点のうち、その後の研究で否定されることなく今日まで残っているのは(2)、(3)、(6)である。ただ(6)については、『甲陽軍鑑』の史料的な性格を考えればそもそも誤謬とすべきではないという黒田日出男の指摘がある。黒田の研究は後に紹介するとして、ここでは田中の「甲陽軍鑑考」についてもう少し検討したい。

田中は七つの根拠を示して偽書と結論付けた。では誰が何のために、どのようにして作ったとしているのだろうか。

田中が『甲陽軍鑑』の作者としているのは小幡景憲である。江戸時代に『甲陽軍鑑』を教典として甲州流兵学を確立した人物で、この景憲が甲州軍法を伝えるために作成したと述べている。

田中によれば、景憲が用いた典拠は「高坂ノ遺記」「関山僧ノ記」「門客ノ説」である。比較的信頼できる箇所は「高坂ノ遺記」に拠っており、景憲の父祖が高坂弾正の家臣だったため、これを入手し得たとしている。

「関山僧ノ記」は山本勘助の遺児が記したもので、実際は山県昌景(まさかげ)の一部卒に過ぎない勘助を晴信の軍師に祭り上げて書いているのはそのためだとする。

「門客ノ説」については、典拠であることは明らかだと述べているだけで、どういった箇所の典拠となったのか、例えばどのような記述となって『甲陽軍鑑』に登場するのか、説明がないように見える。史実と認められる箇所、山本勘助を推戴する箇所の典拠を示しているので、それ以外はここに依拠すると述べたかったのだろうか。

作者を景憲とする根拠に、景憲の自記である『道牛事歴』と同一文体で書かれていることを挙げ、毎巻に高坂弾正の署名がある点については、高坂弾正が書いたように景憲が偽装したのだろうとしている。完成は寛永年間と推定している。

この田中の考証については、やはり黒田日出男が「少なくとも、今日の研究者に要求されている論証の水準からすれば、田中は、説得力ある考証や論証を全く行っていないと言うべきであろう」と批判している。そして酒井憲二は、黒田の言う今日の研究者に要求される水準で『甲陽軍鑑』を考証し、田中とは別の結論に至っている。これについては、また後に取り上げる。

田中説をまとめると次のようになる。

『甲陽軍鑑』は江戸時代の兵学者小幡景憲が戦国時代の高坂弾正になりすまして作成したもので、典拠は「高坂ノ遺記」「関山僧ノ記」「門客ノ説」である。「高坂ノ遺記」は比較的信頼できるものの、総じて誤りが多く、その最たるものとしては(1)—(7)が挙げられる。結果、史料としては信頼できない。

この論文以降、日本中世史の研究者たちは『甲陽軍鑑』を偽書と見なすようになった。

既述の通り、田中が列挙した七つの根拠のうち、既に四つは否定され、残る三つのうち一つには物言いが付いている。無傷で残っているのは(2)と(3)であり、いずれも年号の間違いである。そもそも田中が挙げた七つのうち、年号の誤謬と無縁なのは一つだけである。

『甲陽軍鑑』のような大部の史料を論じる場合に、専ら年号に固執するのは異常に思われる。大部の史料の場合、偽書であるならば、荒唐無稽な記述が次々と見つかるはずであり、それらを咎めた方が、より説得力を持つからである。なぜ田中は年号の誤謬にこだわって『甲陽軍鑑』を扱ったのだろうか。

そしてなぜ、今日の水準に照らして非常に雑な考証しかしなかったのだろうか。それを探るため、田中の経歴を追ってみる。

生まれたのが万延元（一八六〇）年なので、明治維新の時には十歳にもなっていない。漢学の師である猪野中行（いのなかゆき）の推薦で太政官修史局の写生になったのが明治九（一八七六）年、田中は十六歳だった。彼の官学キャリアのスタートである。以後、帝国大学臨時編年史編纂掛、帝国大学史料編纂掛というように組織変革のつど所属する組織の名称が変わるが、一貫して史料編纂にかかわる部署に身を置き続け、最終的には大正八（一九一九）年、東京帝国大学教授専任となり、同年他界した。

まず田中を擁護する必要がある。

明治四年の学制、明治十二年の教育令、これらの反省を踏まえてようやく明治十九年に学校令が公布された。周知の通りである。それまでの日本に、今日的な学校教育はない。

国民全体の教育水準が上がらなければ、国は豊かにならず、強くもならず、列強と対峙するなど不可能である、という趣旨の建言書を、木戸孝允は朝廷に提出している。明治元年である。

このように、明治政府はその発足とほぼ同時期から、学校の設置を急務と捉えていた。近代国家建設には国民一般の教育が必要不可欠であり、それを担うのは江戸時代以来の寺子屋や私塾ではなく、国家が設置する学校であると考えていた。学校教育によって国民全体の教育水準を押し上げ、師範学校の卒業生が出始めると、彼らを教壇に立たせ、かつて寺子屋や私塾で教えていた者たちと切り替えていった。

漢学を修め、江戸時代の教養を持ち、実際に人を教えてきた経験のある者たちが、師範学校出の二十歳前後の若者に取って代わられたのであるから、当人たちの心情は察するに余りある。

大学も、多くのお雇い外国人を教授に迎えて発足し、卒業生から教授や助教を選べるようになった後、徐々に切り替えていった。漢学でどれほど高名であっても、それだけでは教授になれなかったのである。

何としても西洋的な教育制度を定着させようとする明治政府の姿勢については、今さらここで述べるまでもないが、この国家としての大転換期に、一人の生身の人間として田中が生きていたことを想像していただきたい。

教育令公布時、既に田中は勤務しており、いわゆる学校教育を受けていない。猪野中行に師事して漢学を学んだというのは、まさしく江戸時代的な教育を受けたということである。帝国大学は近代化を目指す最前線での活躍を期待された組織だが、そこに職を得た田中本人はそれ用の基礎的な教育を受けていない、というよりは受けられなかった。

さらに、田中の専門、今日でいう日本中世史に、お雇い外国人がいるはずもなく、勤務しながら田中が獲得した学識や作法も、ヨーロッパから入ってきたものではない。

状況が変化したのは明治二十年である。この年、ドイツ近代歴史学の父ランケの薫陶を受けたリースが来日し、帝国大学講師の任についた。厳密な史料批判に基づいた客観的な歴史叙述を旨とするランケの学風が、日本にもたらされたのである。リースの功績はこれだけではない。彼の指導により明治二十二年、史学会が創設された。研究成果を論文にまとめ、発表し、説を戦わせるという、学会の基本的なシステムが整備されたのである。

この史学会発足の二年後、田中は「甲陽軍鑑考」を発表した。論文の掲載された『史学会雑誌』は、その名の通り史学会の雑誌である。直接師事したのではないにせよ、田中はリースからランケ流の歴史学の作法を習得しようとしたのではないだろうか。

「甲陽軍鑑考」の論旨は、『甲陽軍鑑』は偽書である、というものである。つまりこの論文は、『甲陽軍鑑』に対して史料批判を試みた論文なのである。

その精度に難があったとしても、まずは史料批判を試みたという点で、当時にあっては意味があったのだと評価したい。

もう一点、田中はなぜ『甲陽軍鑑』に対し、内容ではなく年号の誤謬にこだわったのか。これは、田中が所属した組織に関係する。

彼が勤務した太政官修史局、後の帝国大学史料編纂掛、今日の東京大学史料編纂所は、我が国の正史『大日本史料』を編纂するための組織である。『日本書紀』以降の六国史が日本の正史であることは、我々が学校教育で習った通りであり、六国史の最後『日本三代実録』は光孝天皇の代、仁和三（八八七）年八月までを収めている。その続きの正史を作るため明治二年に史料編輯国史校正局が設置された。

正史編纂は一大国家事業である。それをどのような組織に担わせればいいのか、明治政府も悩んだのであろう。史料編輯国史校正局は、目まぐるしい組織改変を経ることとなる。

田中が写生として勤め始めた明治九年には太政官修史局といった。その後、名称が変わったり、設置場所が内閣になったり大学になったり、編年史を叙述するにあたり漢文体表記が時代錯誤か否かで収拾のつかない大論争をやった挙げ句、時の文部大臣井上毅に編纂事業の停止を命じられたり、様々なことがあったが、組織の目的は常に一貫していた。『大日本史料』の編纂である。

六国史がそうであるように、『大日本史料』も編年で編纂されている。当初、『大日本編年史』と、その基礎となる編年史料集「史料稿本」の作成が行われたが、執筆者がいる限り客観性への疑念を排しきれないとして明治二十六年に『大日本編年史』の編纂は中止された。以後、編年史料集にしか見えない正史『大日本史料』の編纂事業は続き、今日なお継続中である。

編纂は、引用史料の原文を編年で配列する方法をもって行われ、これは当初から今日まで一貫して守られている。史料を編年で並べるためには、その史料の年代比定をしなければならない。何年何月と史料に書いてある場合もあるが、そうでないこともある。書いてあったとしても、それが常に正しいという保証はない。他の史料と突き合わせてみなければならない場合も多いだろう。そもそも年月日が書かれていない、あるいは欠落してしまっている史料もある。内容や名乗りの変遷、印判の形状などを手がかりに詰めていくしかない。

田中もこの作業に従事したはずである。十六歳からずっと、従事し続けたはずである。したがって田中が体で覚えた歴史学は、史料の年代比定と編年配置だったと推測される。それ以外の視野を持つ必要は、田中の職務を考えるになかっただろうし、そうした視野を持つための教育を受けていない。仮に田中が、年代比定以外を目的とする史料の扱い方を身につけたいと願ったとしても、その機会は、恐らく明治二十年のリース来日までなかっただろう。

田中の目には、『甲陽軍鑑』は他の史料の年代比定には全く役立ちそうもない、しょうもない読み物に映ったに違いない。

こうした田中の人生を考慮すれば、年号の誤謬に固執することや、考証が雑であることは、やむを得なかったのではないかと思う。

無論、研究者は論文で勝負するのであり、身の上話でもってハンデを付けてはならない。だが江戸時代的な教育しか受けられぬまま十六歳で勤務することになった田中の事情を考えれば、史料編纂の職務に勤しむ傍ら、ドイツ語を話すリースから史料批判の方法を習得しようとしただけでも立派である。

確かに田中の考証は雑である。雑であるが、それは「甲陽軍鑑考」の説得力を論じる範囲内で責められるべきものだと考える。決して今日まで続く偽書説全体について責任を負わせるべきものではない。

「甲陽軍鑑考」と同時代に世に出た研究で、今も克服されずに残っているものがどれだけあるだろうか。

偽書説が今日まで続いている責任は田中にではなく、本来田中の説を克服し、『甲陽軍鑑』の史料的価値を見直すべきだった後続の研究者たちにこそあると思う。

第二章　偽書説をめぐる戦前の研究
――逸足のジレンマ――

田中に続く研究者たちが、どのようにして偽書説を支持したのかを見ていきたい。田中が指摘した偽書たる根拠のうち、(1)は戦前のうちに渡辺世祐(よすけ)によって否定された。

(1)　天文十年に信虎が民心を失い、国を治めることができなくなったため、晴信はやむを得ず信虎を駿河に送り、今川義元に托した。これは信虎も承諾していたことである。これらは信虎と義元の書簡や『妙法寺記』、諏訪神社の記録から明らかである。
しかし『甲陽軍鑑』はこの出来事を天文七年とし、晴信が信虎を追放したとしている。

この部分である。まず、渡辺がこれを否定した時点での、一般的な理解がどのようなものだったかを説明しておきたい。

晴信が父信虎を追放したことは、江戸時代には実際の出来事として広く認知されていた。『甲陽軍鑑』の他に『本朝通鑑』や『日本外史』にも記載があり、それらが読まれたためである。

明治になり、近代的な歴史学が開始されると、その研究成果によって幾つもの俗説が否定され、信虎追放についても、史実ではないと論じられるようになった。

つまり、田中の挙げた⑴のように論じられるようになったのである。その根拠は今川義元が武田家に宛てた書状（署名は「義元（花押）」、宛所は「甲府江参」）である。その内容から、義元と武田家が、信虎の駿河入りについて、事前に相談していたことが判明したのだ。

一つの出来事について相矛盾する複数の史料が並んだ場合、より信頼度の高い史料を用いることになる。信頼度の判定は史料批判によって行うのだが、著述・編纂されたものよりも文書を信頼するという鉄則がある。前者には作者の脚色や改変の可能性があるのに対し、実際にやり取りされた文書は当事者の必要から発せられているぶん、その恐れがないからである。そこで明治以降、『甲陽軍鑑』などの広義における著作物の記載を斥け、義元の文書を採用して俗説を正したのである。

田中が⑴で述べた内容は、当時の研究者の間で共有されていたものだったと言っていい。

では、渡辺はどのようにこれを否定したのか。

当時の研究者たちが根拠としていた義元の書状は、『甲斐国志』に収録されていたものだった。そのため、その原本を確認したのである。渡辺の調査の結果、四文字だけ写し間違えて収録されていることが明らかになった。そして四文字違ったために、その前後で読み間違えが生じ、結果的に書状の内容が大きく変化して理解されてきたことも判明した。

原本を読んだ渡辺は、「これは単に信虎の引退後における処分のことに関する書状であることが判然とした」(渡辺世祐『武田信玄の経綸と修養』創元社、一九四三年、後に人物往来社、一九七一年、人物往来社版二四一頁)とし、この書状を根拠に展開された円満隠居説を否定したのである。

この書状の日付は「九月廿三日」である。信虎が駿河に移るのが天文十(一五四一)年六月なので、渡辺以前はこれを天文九年の九月二十三日と理解していた。駿河に移る半年以上も前から相談していたことになる。宛所の「甲府」はその時の甲斐の当主であるから、信虎と判断された。

そうしてこの文書を見ると、信虎の駿河行きについて、信虎本人が義元と十分に時間をかけて相談していたと解釈することになり、晴信による追放ではなく、消極的に見ても信虎自身が了解していた、積極的に読み取れば信虎本人が主体的に決定した、円満な隠居だと信じられたのである。

信虎の娘が義元に嫁いでいたこともあり、この解釈は特に抵抗なく研究者の間に定着した。田中が述べた「信虎義元ノ書牘(しょとく)」の中にも、当然この文書が入っていただろうし、その解釈は、渡辺以前の一般的なものと一致していただろう。

渡辺はこの書状を天文十年に比定した。自然、宛所は晴信となる。面倒を見ることになった信虎の生活費その他について、義元が晴信に交渉する文書である。事前協議の上での円満な隠居であれば、まず必要のないものだ。

信虎は突然に駿河へ赴かざるを得なかったのである。これにより、田中の挙げた偽書たる根拠の一つが崩された。年号については田中の指摘どおり、『妙法寺記』などから天文十年で間違いないが、内容については、晴信が信虎を追放したとする『甲陽軍鑑』が正しいことが示されたのである。

渡辺は田中の挙げた(4)についても否定している。

(4)『甲陽軍鑑』によれば、晴信が剃髪して信玄と名乗るようになったのは天文二十年二月である。しかし永禄元年閏六月十日までの文書には晴信とあり、永禄二年十一月の文書から信玄と書いてある。このことから晴信が信玄となったのは永禄初年である。また、信玄の晩年に書かれた肖像画には僅かながら髪がある。剃髪は死の二、三年前ではないか。

これである。

渡辺の『武田信玄の経綸と修養』（前掲書）は、その名の通り、信玄の内的世界に迫ろうとした研究である。その第二編第一章「その信仰」で信玄の信仰がどのようなものだったのか、その全体像を明らかにしている。

それによれば、信玄は始め、天台・真言の旧仏教を信仰し、後に禅宗、特に臨済宗に帰依するようになった。渡辺は当然、晴信の出家についても論じている。恵林寺や長禅寺の史料を紹介し、「信玄が長禅寺で法衣を授かり、除髪して法名を得、戒を受けたことが明白となるのである」とした上で、その時期については永禄二（一五五九）年としている。

(1)の部分と同様、(4)についても、年号に間違いはあるものの、内容としては『甲陽軍鑑』の記述を認める結果となった。

信玄と禅の関係を論じるにあたり、渡辺は『甲陽軍鑑』を引用している。その引用部分の直後、渡辺は『甲陽軍鑑』の史料的価値について次のように述べている。

この所説を載せる軍鑑の史料としての価値については多く信憑し難きものとして、すでに定説となっているが、従来、唱えられしほどに価値のないものでは決してあるまいと思う。それは軍鑑の記事と同様のものが古文書および記録等に多く見えるのであるから、あながち軍鑑の記事を史料として全く排するのは誤りであると信ずる。それで信玄が策彦（さくげん）等から説かれたことは軍鑑にある通りとしてこれを考えてみるに、全く実際の事実であると思われるのである。（一八八頁）

史料的価値を認めるか認めないかで言えば、認めると言っているのだと解釈して問題ないと思う。渡辺は別の著書『国史論叢』（文雅堂書店、一九五六年）に収めた「武士道の意義とその変遷」という論文でも、『甲陽軍鑑』について触れている。

尤も甲陽軍鑑は江戸時代初期に編纂せられたものであるという説もあるが、信玄に関することは当時の正確な記録と一致している点が多いのであるから、必ずしも全体を江戸時代のものとして斥ける訳には行かぬ。それで或部分だけは確かに信玄の頃のものと考うべきである。（二頁）

渡辺は『甲陽軍鑑』の史料的価値を認めていたのではないか。少なくも田中と比較すれば、歴史学の史料としての有用性を認識していたのではないか。それは恐らく、渡辺の研究者としての関心が、田中のそれとは異なっていたからだと思われる。
『武田信玄の経綸と修養』から、渡辺の関心を窺い知れる部分を引用したい。

……信玄をしてかかる大人物たらしめ、またその計画の雄大なる点にかんがみ天下第一の政治家たらしむるにいたったゆえんは、じつにその素養と修養とが容易ならざるものがあるからである。信玄をしてよく大ならしめたゆえんは実に素養と修養との内面的充実によるものであると思われる。そこでここに信玄の経略と修養をさらに細説してみようと思う。（序説）

……由来兵馬倥偬（こうそう）の間に人となった者は用兵に急であって干戈（かんか）にせわしいために、おのずから学問に励み、修養に努むることを疎略にする嫌いがあるが、信玄は嶄然（ざんぜん）他の諸氏と選を異にして忙中おのずから閑日月を有し、常に深き信仰を抱き、学問に努め修養を怠らなかったのである。これが信玄の内的生活を充実し、特に偉大ならしめたのであろうと考えるのである。今信玄が修養として堅実なる信仰を有し、学問に励み文芸に巧妙であった事実を説いて、その偉大なる人物であるゆえんの偶然でないことを述べ、天下第一の政治家であり軍略家であったゆえんを考えてみようと思う。（第二編冒頭）

渡辺には、人間の内宇宙に切り込もうとする欲求があったようである。無論、渡辺の研究はそうしたものばかりではないが、年代比定に両足を置いたまま『甲陽軍鑑』に対峙した田中と比べれば、全く別タイプの研究者、あるいは田中にはない一面を有した研究者だったと思われる。

　こうした関心で歴史学に取り組んだ結果、古文書や古記録から引き出せる情報だけでは不足になってしまい、『甲陽軍鑑』を用いる必要に迫られ、他の史料と突き合わせているうちに、その史料的価値に気が付いたのではないだろうか。

　『甲陽軍鑑』に絡めて田中と渡辺の関係を見ると、田中が指摘した偽書たる根拠を渡辺が否定する形で、その史料的価値を皆無とする田中と、結果として史料的価値を認めることになる渡辺が綱引きをするような構図になる。これは「甲陽軍鑑考」に限らない。

　田中には「甲越事蹟考」（『史学会雑誌』一号、一八八九年）という論文がある。「甲陽軍鑑虚（きょ）ヲ前（さき）ニ伝へ、川中島五戦記妄（もう）ヲ後ニ加へ」というふうに、『甲陽軍鑑』や『川中島五戦記』によって俗説となっていた川中島戦争五回説を否定し、史実としては二回だったとする論文である。

　やはりこれも定説化した。渡辺の文章を借りれば、「鉄案として確定せられ、一般にこの説を踏襲してきた」のだそうだ。この「鉄案」に対して渡辺は、合戦の度に発給されたはずである感状と、『甲陽軍鑑』『川中島五戦記』『北越軍記』『北越家書』『信玄大全』『上杉年譜』などを照合する方法で、川中島五戦説（五回目は直接戦闘には及ばなかったとする）を唱え、田中の二回説を否定した。結果として『甲陽軍鑑』を擁護したことになる。

　このような渡辺であるから、田中の「甲陽軍鑑考」を克服することは十分に可能だったはずである。事実、田中の示した根拠のうち、内容に関する部分二点を否定しているのだから。

　渡辺が『甲陽軍鑑』について述べている箇所は既に引用しているので、「甲陽軍鑑考」について述べている箇所を引用したい。

> 甲陽軍鑑は甲州にありし山県昌景の一部卒たりし山本勘介の子にして山城妙心寺派、すなわち関山派の僧となりし者が当時における遺老の話を輯録して父勘介の行実をも作り加えて編成し、甲斐の宿将高坂弾正昌信の作と誂託せるものなることは、同誌第十四号所載の田中博士の「甲陽軍鑑考」で明瞭であって毫も疑義を挟む余地がない。
>
> （『武田信玄の経綸と修養』前掲書、第一編第一章第六節）

田中の「甲陽軍鑑考」には疑義を挟む余地がないという。これは解せぬ。

この渡辺の文章は、『甲陽軍鑑』の作者や成立過程について「甲陽軍鑑考」を支持しているのであって、史料的価値についてまでそれに倣うとは言っていないのではないか、と思われるかもしれない。

しかし、史料的価値は、その史料がどのように成立したかによって大きく変わるのである。『甲陽軍鑑』の場合、史料そのものには高坂弾正の署名があり、弾正の死後は甥の春日惣次郎が書き継いだと記されている。これを信じれば、第一の作者は信玄の重臣高坂弾正昌信である。信玄の同時代人、それもごく側にいた人物が書いたものとなり、信頼度の高い史料と見込まれるのだ。

田中は主に年号の不正確さから『甲陽軍鑑』は史料として信用ならないと判断し、作者は高坂昌信ではなく、それを騙る人物だろうと考え、江戸時代に小幡景憲が作ったという説を立てたのである。信玄の側にいなかった人物、しかも後世の人物が作者であれば、その史料的価値は低い、というか無きに等しい。この成立過程について少しも疑義を挟む余地がないと断言するのは、その史料的価値についても田中の説を受け入れると表明するのと同義である。であるから、解せぬのである。

渡辺は田中が指摘した『甲陽軍鑑』の誤謬について、その複数を自らの研究で否定している。偽書たる根拠を相当に突き崩しているのである。さらに、『甲陽軍鑑』を研究に用い、「あながち軍鑑の記事を史料として全く排するのは誤りであると信ずる」などと、史料的価値を認めるような発言をしている。にもかかわらず田中の説に対しては、「毫も疑義を挟む余地がない」という。論証と結論とが、噛み合っていないように思われる。

確かに世の中には、およそ理屈でものを考えられず、理解に苦しむ言動でもって周囲を困惑させる種の人間がいる。研究者の中にもいないわけではない。研究書を買ってみたはいいものの、意味がよくわからず、自分の学力が足りないせいだと信じて悪戦苦闘した結果、そもそも論文内のロジックが破綻していることに気が付いたという切ない思い出の持ち主なら、読者諸氏の中にもいるのではないだろうか。

だが渡辺はそのような研究者ではない。戦前の学者であるから、今日の基準に照らして疵（きず）を付けようとすれば、それは不可能ではないだろう。しかし、理屈にならない理屈を振り回すような研究者では、決してない。

『武田信玄の経綸と修養』が昭和四十六年に再刊された際、その解説を奥野高広が書いている。この手のものは決して本人を貶めるような記述はしないのだが、失礼になるほど持ち上げたりもしないので、後に続く研究者である奥野の目に渡辺がどう映っていたかを知るための参考程度に引用してみる。

その学位論文に見られるように、博学達識で博引旁証、一言一句も疎にされない学風である。しかも昭和十八年「日本文化名著選」のうちとして刊行するにあたり、再訂や訂正を加えてある。見習うべき態度である。

これが奥野から見た渡辺世祐という研究者である。確かな学識に裏打ちされた精緻で実直な論証、一度完成させた仕事にも向き合い瑕疵（かし）があれば正す求道者的な精神、それらを兼ね備えた理想の研究者として紹介している。

であればなおのこと、渡辺の「甲陽軍鑑考」に対する姿勢には疑問が生じるのだ。類似のことが、先に紹介した川中島の戦いにまつわる研究でも確認される。川中島の戦いの回数について、田中が二回としたものを、渡辺が五回とした件である。本来これは、渡辺による田中説の否定、と認識すべき事態である。渡辺は堂々と田中説を否定し、自説の妥当性を述べるべきであったし、それに相応しい研究をしたと思う。しかし渡辺はそうしなかった。

渡辺は田中の研究を紹介し、「この鉄案ある以上は、さらにかかる問題に関して新たにこれを説く必要もないと思われるのであるが」と断った上で、「田中博士の鉄案を補正すべき点を見いだしたので、ふたたびこれを説くこととしたのである」と、自説を田中説の補正と位置付けている。

回数を問題とした場合、二回とされていたものを五回と改めれば、それは旧説の否定と新説の提唱である。決して補正ではない。

渡辺は個々の研究では田中を否定しながらも、大局的には田中を肯定する、奇妙な姿勢を貫いた。決して理屈がわからなかったわけではない。研究能力が不足していたのでもない。

では何なのか。渡辺は田中の弟子なのである。論文上で説を戦わせるだけの関係ではなく、現実に濃密な人間関係のある間柄だったのである。

弟子が師匠を全否定することは難しい。会社員が上司の間違いを指摘し、完膚なきまでに追い込んで、全面的に非を認めさせるようなものだが、実際の影響は研究者の方が大きい。会社員は似たような業態の別会社に移る手もあろうが、研究者はその研究分野にいる限り、同じ人間関係のまま活動せざるを得ないからである。

そうであったとしても、学説がぶつかった以上は戦うべきだと考え、それを実践している研究者もいる。だがそれは、研究のためならば生身の人生にまつわる人間関係を断念できる強靱な人格に生まれついた者や、覚悟して自身をそのように修練した者に限られるのであり、すべての研究者にそれができるわけではない。

研究者としてどうこうとは別の、人格の強さの問題である。

渡辺は師である田中の説を否定しなかった。やると覚悟すればやれるところまで到達していたと思われるが、やらなかった。個別具体的な論証においては、渡辺は田中の説を否定したのだが、論文全体の論旨としては否定しなかった。むしろ「毫も疑義を挟む余地がない」として強く支持したとさえ言える。

意気地がない、と後世の人間が批難するのは些か酷かもしれない。渡辺の学者人生は田中とともにあった。渡辺は嘱託として『大日本史料』の編纂に関わった後、東京帝国大学史料編纂官となり、國學院大学や明治大学の教授を兼任しつつ、そのまま定年退官している。渡辺にとって田中は師匠であるだけでなく、ともに正史編纂という国家的任務にあたる戦友でもあった。すんでの所まで追い詰めながら、自ら太刀を収め、跪く理由が、渡辺にはあったのである。

戦前、渡辺以上に「甲陽軍鑑考」を脅かした研究者はいない。その渡辺が田中説を支持したことで、偽書説は堅持された。結果だけ見れば、「甲陽軍鑑考」は無傷で延命したと言っていい。

『甲陽軍鑑』は偽書の烙印を押されたまま、名誉回復の切願成就を、戦後の研究者たちに託すこととなったのである。

第三章　『甲陽軍鑑』の戦後

──偽書説の守護者たち──

戦後の研究者が偽書説を信奉した経緯を紹介する前に、終戦後の日本中世史研究を取り巻いた状況について触れておきたい。

まず史料的状況で言えば、広島と長崎への原爆投下、東京他への空襲により、多くの史料が消失した。運良く影写本が残ったものについては内容の確認ができるが、そうでないものについては完全に失われてしまったのである。さらに終戦後の物資不足が祟り、古文書や和綴じの本を溶かし、戦後民主主義や男女平等を啓蒙する雑誌が刷られるなど、日本人自らの手によって史料的状況を悪化させた。こうした状況を憂う研究者はもちろんいたのだが、戦後民主主義を礼賛する国民全体の動きを抑止するだけの力は持たなかった。

歴史観で言えば、戦前にも戦後にも、皇国史観があり、唯物史観があった。大雑把に言えば、終戦までは皇国史観が幅を利かせ、戦後は唯物史観が大流行した。

唯物史観が流行ったおかげで、日本中世史は女性史という視角を得る。社会主義が男女平等を掲げているため、日本史における女性の活躍に注目しようとしたのである。しかし従来歴史学の中核をなした政治史にあっては、日本史全体を俯瞰しても、女性天皇を除くと、持ち上げやすいのは北条政子、持ち上げにくいのを含めても日野富子くらいしかめぼしい人物が見当たらない。そこで文化史や社会史といった、政治史以外のジャンルへの取り組みが重視されるようになった。

論文内のより具体的な目的意識も変化した。例えば、戦国大名を論じる場合、皇国史観ではその人物が勤王家であるかどうかが論じられたのに対し、唯物史観では中世の残滓なのか近世の嚆矢なのかが問題にされた。

信玄に関して言えば、どちらの物差しで測っても分が悪い。勤王の点では、後奈良天皇から綸旨(りんじ)をもらい、領内から御料所を進献したであろうことは周辺史料からほぼ間違いないと考えられるが、綸旨そのものを始め、直接の史料が伝わっておらず、詳細な全体像は明らかにならない。引き替え謙信は、二度の上洛、正親町天皇への拝謁、御料所進献の他、禁裏修理料の献上、折に触れての進物など、群を抜いた勤王ぶりを発揮しており、比較されるとどうしても見劣りする。

中世的か近世的かで見た場合でも、その両面を強烈に発揮して中近世移行期の主役となった織田信長がいるために、信玄の評価はぱっとしない。近世前夜における、いかにも中世の代表という扱いになりがちだった。

論文発表以外の活動がもてはやされたのも戦後歴史学の特徴である。ナロードニキの真似事をして、研究者が地方の農村や工場労働者のもとを訪ね、歴史の話をしてやったり、お返しに地元の民話を教えてもらったり、せいぜい小学生の社会科見学程度のことをやって、新しい歴史学の可能性に陶酔していた。

さらに当時、時代の風を受けて乗りに乗っていたマルクス主義の学者やその弟子たちは、来たるべき革命のために民衆を啓蒙する必要があるとして、積極的に学外へ打って出た。歴史を題材に、民衆が権力者に立ち向かう劇を作り、それを市井の空き地で上演する一団あり、自ら作詞した革命浪曲なるものを職安の前で唸る者ありと、これだけでも噴飯ものだが、これらの活動報告が研究雑誌に掲載されるに至っては、歴史学としてどうのという以前に、もはや学問の体を成していない。

ただ、時代は彼らを寵遇した。こうした活動に熱心な勢力は、正義は我にありと言わんばかりに、従来の研究者の姿勢を厳しく糾弾した。

俗世間から隔離された学会で、純粋に学問上の議論に終始し、政治的な中立を守ったために、悪しき政治の暴走を止める力を持たず、国家国民が傷つくのを看過したというのだ。つまり田中や渡辺のような姿勢ではいけなかったと責めたのである。さらに、その反省を生かし、正しい政治のために、つまりは社会主義革命成就のために研究しなければならないと迫った。

これは不当な批難、的外れな要求である。

そもそも田中や渡辺に代表された官学実証主義とは、研究の作法についての呼称である。その特徴を乱暴に要約するならば、史料批判に堪えた史料から引き出せる情報のみで歴史を叙述・議論しようとする考え方である。政治権力に対してどのような立ち位置を取るべきかなどという視点は始めから一切含んでいない。

田中も渡辺も、その作法で歴史学に取り組み、研究上の結論を得たのであり、言うまでもなく、政治に対しては否定も肯定もしなかった。

そもそも日本中世史の研究成果が、その時代時代の政治について賛否を表明するなどということはない。そういう当たり前のことが、当時の唯物史観論者にはわからなかった。そんなこともわからないほど冷静さを欠いた理由は色々ある。戦時中の抑圧からの解放、唯物史観が正しい歴史観だと信じ込めた時代の雰囲気、皇国史観を攻撃するだけで肯定的に評価してもらえたイージーな状況、新しい歴史学を自分たちが担うのだという興奮。彼らは彼ら自身の正しさをアプリオリなもののように盲信できる環境に身を置いていた。

そんな時代の寵児だったはずの唯物史観論者から見て、苦々しく、厄介だったのが、戦前から権威を認められてきた官学実証主義の一派である。学派として見た場合、彼らはマルクス主義に靡(なび)かず、また戦前戦中を通して帝国主義におもねらなかった。

田中は田中なりの史料批判を試みた結果として『甲陽軍鑑』を偽書と結論付けた。渡辺は『甲斐国志』収録の文書についてその原本にあたり、そこから引き出せた情報で当時の通説を覆した。どちらも学問上の議論であり、政治的には無色透明である。信玄よりも謙信の方が勤王家だから偉大だ、などと論陣を張ってくれていれば、唯物史観側は嬉々として叩いただろう。だがそれができない。

流行の唯物史観にもすり寄ってこない。

繰り返しになるが、官学実証主義は歴史学の作法である。その作法で歴史学に取り組むことが重要なのである。史料批判を加えた史料を用い、そこから情報を引き出し、客観的に歴史を叙述する。それこそが歴史学だと、明治時代から信じて実践してきたのであり、そのためにファシズムの太鼓持ちをせずに済んだのである。

全体として見た場合、皇国史観から唯物史観へというふうに、日本中世史の研究は時代の風に翻弄されて右に左に振り回されたが、そういう浮ついた風潮を軽蔑し、自分たちこそが本流の歴史学であるという自負を持っていた点も、その当時、進行形で流行に乗っていた唯物史観側には目障りだった。しかし皇国史観論者を批難するようにファシズムのプロパガンダに荷担したとは言えない。そこで、悪しき政治に対しても中立を保とうとする非政治性を批難したのだが、作法を共有する集団に対して思想信条の面で難詰するのは、お門違いであるし、そもそも無理がある。

官学実証主義の立場からすれば、皇国史観も唯物史観も、ベクトルの向きが違うだけで、歴史学の本質から離れたところで旗を振ってはしゃいでいる点では等しくくだらないものであった。

当然、官学実証主義の一派は社会主義革命の礎となるために研究をしたりはしない。史料から引き出した情報を積み重ねて歴史を論じるのであって、先に用意された歴史像に合わせて史料を漁ったりはしない。結論ありきの史料操作は、彼らにとっては不作法を通り越して、ほとんど不正に近いような暴挙に感じられただろう。

しかし時勢は唯物史観まっ盛りである。学説とは無関係に、唯物史観論者は官学実証主義、あるいはより広義の実証主義を繰り返し批難した。官学実証主義は帝国大学の権威を笠に、政治的中立を装い、ファシズムの台頭を黙認した悪しき学派である、というように。

現代人から見れば馬鹿馬鹿しい話であるが、こうした唯物史観側の一連の活動は、歴史学の研究者によって行われたのであり、本人たちはいたって真剣に取り組んでいた。活動の中心的人物は石母田正であるが、彼をいったいどこが輩出したかというと、それは日本中世史である。したがって日本中世史は、これらの活動の主戦場となった。

こうした状況があったため、田中や渡辺の系譜に連なる官学実証主義の研究者たちは、明確に意識して学風を守る必要があった。リースを介して習得したランケ流の歴史学、厳格な史料批判に基づく客観的な歴史叙述の学風である。

唯物史観に立つと、歴史学はどうかわるのか。日本中世史の場合、唯物史観の性格からして、研究対象とする時代や人物を、古代から近世のどの段階に位置付けるのかという議論になりやすい。もう一点、政治権力を掌握していた人物を追う政治史よりも、支配される民衆の側に着目した研究に人気が集まる傾向があった。

これらには致命的な弱点がある。

古代だの中世だのという区分は歴史を認識する側が便宜上設定したものに過ぎず、歴史上の人物が自ら「俺はやや古代寄りの中世だ」などと書き残したりはしない。そもそも便宜上の区分であるために、区分に用いる指標の種類や優先順位によって間仕切りの場所が動き回る。その人物をどう評価するかという場合でも、注目する条件によって結果が変化する。仕方によって評価が変わる人物を、目盛りの動く物差しで測るのだから、収拾がつくはずがない。研究対象をどの時代に位置付けるかという論文の本丸で議論しようとすると、どうしても史料を離れて理屈をこね合うような展開になり、学者の議論というよりは、左翼同士が革命談義をしているような状況に陥ってしまうのである。

民衆に着目した歴史学には、史料上の制約があった。当初想定していたような民衆は史料を残さず、中世惣村の姿を描き出すことができない。無論そこに生活した民衆の営みも論じられない。史料の残っている地域について復元してみても、比叡山延暦寺の神人（じにん）が屯（たむろ）して住んでいるような惣村を、民衆の典型として扱っていいのか自分たちでも躊躇し、ましてや堺の町衆を論じてこれこそ民衆だとは言えず、権力者を並べる政治史を批判したものの、それに匹敵するような体系を示せぬまま尻窄みになった。

位置付け論も民衆論も、イデオロギーの要請から生じたものである。史料を起点に出てきた話ではなく、後追いでありもしない史料を探すはめになった議論である。どちらも白熱すると、史料から両足が離れて空中戦になる宿命であり、官学実証主義から見れば、真っ当な歴史学ではない。

その真っ当でない連中から研究姿勢、あるいは存在そのものを批難されたため、田中や渡辺の後進たちは、自分たちの作法こそが唯一まともな歴史学であることを実践でもって示す必要に迫られたのである。作法を厳しく守って研究することは、本来の歴史学を死守するための戦いでもあった。唯物史観論者の難癖によって、田中や渡辺に代表される官学実証主義の名誉は傷つけられた。その誇りを取り戻し、再び高く掲げるための戦いである。

史料を示せないものは論じない。史料的価値のないものは用いない。先鋭化した原点回帰と、戦前からの官学実証主義を守ろうとする使命感は、『甲陽軍鑑』の史料論に関しては、田中の偽書説を守り抜こうとする歪（いびつ）なかたちで発揮されていく。

戦国史研究を代表する中世史家、そして戦後の日本中世史研究を代表する学者、高柳光寿の『甲陽軍鑑』理解を確認したい。

高柳は、戦国時代の合戦について、そのディテールを明らかにする研究を多く残している。合戦の詳細を明らかにするため、古文書や古記録だけでなく著述史料も多用するのだが、その際には複数の史料を突き合わせて検討し、虚実を峻別して叙述しようとする。

高柳の史料批判は厳しい、というのが中世史研究者に共通した見解であり、高柳が史料に下した判断については、後続の研究者がこれに倣う傾向が顕著にあった。

明治二十五（一八九二）年生まれの高柳は、戦前のうちに歴史学に触れ、戦後のマルクス主義全盛時代もどんちゃん騒ぎには乗らず、時流を無視するように、ただ史料に向き合って研究し続けた。春秋社から出た『新書戦国戦記』シリーズ（一九七七―七八年）や吉川弘文館の人物叢書『明智光秀』（一九五八年）などは、中世史研究とは無縁の人々にも親しまれた著作である。これらの内容からも感じ取れるように、高柳の歴史叙述は、実証的でありながら文学的な情緒を孕む。決して脚色ではない。史料上の事蹟を追うだけでなく、その人物がそのように振る舞った背景を可能な限りあぶり出そうとするもので、三方原で言えば家康の経験不足、長篠で言えば勝頼の慢心、といった本来実証主義が苦手とする部分の叙述に挑んでいる。そして三方原で信玄にやられた家康が、三年後に長篠で勝頼にやり返すという構図をドラマティックに描き、一度やられた後に再起し得た家康と、長篠の敗戦以降再起叶わず、遂に家ごと滅んでしまった勝頼の違いは何だったのかを史料を駆使して描き出す。実証史学の論文というと無味乾燥な事実の羅列を想像しがちだが、高柳の研究は広く世間一般の鑑賞に堪える味わい深い作品でもあった。

『明智光秀』もそうである。高柳はこの著書で、光秀の謀反は怨恨ではなく、光秀が天下を望んだためだという新説を打ち立てた。

一廉(ひとかど)の武人であれば誰でも抱いた天下への夢を、その時代の子として当然のように抱いた光秀が、信長に従属することでしか生きられない人生の中で、ただ一度自分の野心のために立ち上がり、滅んでいった様子を、史料から離れることなく描いたのである。

高柳は、天下を望んだ光秀は勝算もないままに謀反に及んだのではないと論じる。地理的条件・各地の戦況を整理し、信長を討った後、諸将の反撃までに時間的猶予があると考えるのが正常な判断だったとし、光秀もそう考えたとする。しかしながら秀吉が常軌を逸した迅速さで戻ってきたため、光秀の野望は潰えたと、その悲運に同情するかのような叙述をしている。

深い怨恨のために後先考えぬようになった報復者でもない、天性の謀反人でもない、新しい光秀の姿だった。今日、これは既に完成された光秀像の一つとなっているが、高柳以前には誰も描き出せなかったものである。高柳の『明智光秀』は昭和三十三年に出版された。当時の読者には、知的な興奮を伴う刺激的な一書として迎えられたであろう。

高柳は論文外の活躍も著しい。昭和二十四(一九四九)年、日本歴史学会を創設し、その初代会長になっている。この団体は、唯物史観論者に言わせれば、非政治的な実証主義で研究に臨む悪しき団体であるが、そのような批難を歯牙にもかけず、高柳は黙々と研究活動に打ち込んだ。

一研究者としても、学会の領袖としても、戦後の中世史研究を牽引した高柳が、『甲陽軍鑑』の史料的価値についてどのように考えていたのかを見ていきたい。

高柳の著書『長篠之戦』（春秋社、一九六〇年、のちに『新書戦国戦記六　長篠の戦』春秋社、一九七八年、として再刊）から、彼の『甲陽軍鑑』観を窺い知れる箇所を紹介する。

すなわち、「甲陽軍鑑」には、馬場信春・小山田信茂・武田信豊を三河へやった、と書いているのである。しかし「甲陽軍鑑」が信ぜられない悪書であることはいうまでもない。

（新書版四四頁）

「甲陽軍鑑」には、この勝頼出兵の前に、高坂弾正と内藤昌豊の二人が勝頼を諫めたという話が載っている。それは勝頼が美濃で明智城を奪い、遠江でも高天神城を取って心が驕っている。武田家の滅亡近いうちにあると考えて、信長・家康と和して、北条氏を敵とする方が利益であると説いたけれども、長坂長閑（ながさかちょうかん）や跡部勝資（あとべかつすけ）の反対にあい、勝頼は高坂や内藤のいうことを聞かなかったというのである。（中略）この「甲陽軍鑑」の説は一笑に付し去って差支えないものである。

（七〇―七一頁）

「甲陽軍鑑」に、家康が小栗大六に、信長が救援に来なければ、家康は勝頼に付属して尾張に攻め入るであろう、といわせているのは、事実ではあるまいが、そのように武田方では風説をさせたことがあったからとも考えられる。「甲陽軍鑑」の作者は身分が低いので本当の情勢には通ぜず、この風説を事実と信じて、こう書いているのかも知れない。

（八八頁）

「甲陽軍鑑」には、長閑は、武田家は始祖以来、信玄まで二十七代の間、敵を見て引き籠るということは一度もない。それを二十八代の勝頼の代になって、このめでたい前例を破るということはどうかと思う、といったと書いている。この議論はおかしい。武田氏が一度も敵に後ろをみせなかったなどと、長閑がいったなどとは考えられない。これは「軍鑑」の著者のでためである。「神田孝平氏所蔵文書」によれば、このとき長閑は三河に来ていないのである。信春らが退却を主張したのは、事実であったかも知れないが、長閑が決戦を進言したということは、全くの誤りといってよい。

（一一一頁）

要するに、「甲陽軍鑑」は悪本である。というのは、作者小幡景憲は大体同時代に生きていたが、何しろ身分が低いから大局に通じていない。それに山勘な男であるので、知らないことをも、知っているような顔をする。そういう男の作った本である。

（一五九頁）

全体として、高柳が『甲陽軍鑑』に史料的価値を認めていないことがわかる。そして『甲陽軍鑑』の作者を小幡景憲としている点も確認できる。史料にある高坂弾正の署名を採用せず、小幡景憲の作とするのは田中の「甲陽軍鑑考」以来、中世史研究者にとっては定説である。高柳も田中の偽書説を支持していたことが了解されると思う。

高柳は長篠合戦時の小幡景憲について、身分が低い、という言い方をしている。身分が低いために合戦の全体像を把握する立場になく、いい加減なことを書いたのだと述べている。確かに当時、景憲は高い身分にはなかっただろう。なにせ四歳の子供である。小幡家の一員として動員されていたか否か、そこからして不明である。仮に小幡隊の隅で槍を握っていたとしても、合戦の全体像どころか、目の前で何が起きているのかさえ、正確には把握できなかっただろう。そんな景憲が知らないことをも知ったような顔をして『甲陽軍鑑』を成立させたのだとすると、それはそれで日本文学史上に輝く偉業と評すべき事態だと思うが、とりあえずは高柳の『甲陽軍鑑』理解に話を戻したい。

重要なのは、四つ目の引用（一一一頁から）の部分である。

『甲陽軍鑑』の記述では、作者は高坂弾正である。

長篠の戦に際し、信玄の宿将らは退却を進言した。しかし勝頼の側近である長坂長閑らの反対にあい、勝頼は決戦を選ぶ。その結果、信玄以来の名のある将兵はその大半が討死にしてしまい、武田家は存亡の危機に瀕することとなった。そこで高坂弾正は、勝頼の側近である長坂長閑と跡部勝資に宛てて、勝頼が手本とすべき信玄の遺風を書き記した。これが高坂弾正が『甲陽軍鑑』を書いた動機であると、『甲陽軍鑑』には書いてある。

高柳の指摘する文書は、天正三年（一五七五年）五月二十日付けの「長閑斎宛勝頼判物（はんもつ）」（『戦国遺文武田氏編』四巻、二四八八号文書）である。この書状によれば、長篠の戦の時、長坂長閑は別の場所で城を守っている。つまり、勝頼の側にいなかったのであり、決戦論の主張はおろか、軍議に参加することと自体が不可能だったことになる。

となると、高坂弾正が『甲陽軍鑑』を書いた動機の部分が虚構となる。当然、高坂弾正を作者とする『甲陽軍鑑』の記述も信憑性を失うのであり、史料としての『甲陽軍鑑』の価値は低く見積もらなければならない。

これは田中が挙げた七つの根拠のどれよりも、『甲陽軍鑑』にとって致命傷になり得る指摘だったが、高柳以後の研究者は、田中の説を挙げるほどには、この点を積極的に論じなかったように見受けられる。偽書説に立つ研究者にとっては、『甲陽軍鑑』に新たな誤記が発見されることは別段驚くべき事態ではなかったため、この指摘の重要性が見過ごされてしまったのかもしれない。『甲陽軍鑑』が偽書であることは田中が既に述べているため、それを補強する指摘程度に受け止められたのかもしれない。

そもそも、高柳の『長篠之戦』のような、合戦の詳細を明らかにしようとする研究が、日本中世史にあっては希有だったことも影響しただろう。一般的には軍事史家の守備範囲であり、これに取り組む中世史家自体が少数だった。その少数を紹介するならば次のようになる。

まず陸軍参謀本部が編纂した『日本戦史・長篠役』があったところへ、中世史家の渡辺世祐が『大日本戦史』に「長篠の戦」を書き、その渡辺の説を継承したのがここで紹介している高柳の『長篠之戦』である。この両者による長篠合戦像が、日本中世史における通説的理解となった。軍事史では『信長の戦国軍事学』（JICC 出版局、一九九三年、のちに『信長の戦争』講談社学術文庫、二〇〇三年）などで知られる藤本正行の研究がある。太向（たいこう）義明の『長篠の合戦——虚像と実像のドキュメント』（山梨日々新聞社、一九九六年）は、藤本の系統に連なる研究と見ていいだろう。戦術の議論をする藤本と、史料間の異同について述べる太向では、読後の感想は全く別物であるが、著述史料を吟味して合戦の実像を導き出す方法で、俗説・通説の否定を試みる点において、両者は共通すると思う。その他、時代劇の時代考証で活躍した武具研究家、名和弓雄の『長篠・設楽原合戦の真実』（雄山閣出版、一九九八年）や、合戦全体ではなく鉄炮に議論を集中した論考など、範囲を拡げていけば相当の分量になるが、中世史研究の範疇で見れば、渡辺・高柳の研究が軸であり、強固な通説だった。この中世史における通説と軍事史その他の研究成果を両睨みした平山優の研究、『長篠合戦と武田勝頼』（吉川弘文館、二〇一四年）、『検証長篠合戦』（吉川弘文館、二〇一四年）が、現時点での日本中世史における最新研究だろう。つまりここで問題にしている高柳の指摘に対し、正面からぶつかり得た中世史家は平山だけであり、研究方法としてぶつかり得た太向を加えても、たったの二人である。武田氏研究の膨大な蓄積の中で見れば、極端に少ない。合戦の詳細を再現したいという興味を持った場合、中世史でなく軍事史に進むのが通常だろうから、数が少ないことは不思議ではないが、それにしてもこれは少ないと思う。著述史料の駆使が前提となるため、研究内容以前に実証性を担保することに腐心せねばならず、その上で高柳を乗り越える目算の立つ研究者でなければ、なかなか手をつけられなかったのかもしれない。

いつ、誰により、どのようにして成立したかによって、史料的価値は大きく変わる。『甲陽軍鑑』の史料的価値を検討する場合、高柳の指摘は極めて重要なものだった。が、そのわりには、これに対する中世史家の反応は鈍かった。二十一世紀になってから、高柳の示した書状は長坂長閑とは別の人物、今福長閑斎に宛てた書状であることが明らかになったが（平山優「長閑斎考」『戦国史研究』五八号、二〇〇九年）、それまでは太向義明が高柳の指摘を踏襲し（『長篠の合戦――虚像と実像のドキュメント』前掲）、黒田日出男が件（くだん）の書状に史料批判を加えた（「『甲陽軍鑑』をめぐる研究史――『甲陽軍鑑』の史料論(1)」『立正大学文学部論叢』一二四号、二〇〇六年)くらいしか、中世史家の研究では、重くは取り上げてもらえなかったのである。

五つ目の引用(一五九頁から)の部分で、高柳は小幡景憲のことを「山勘な男である」と言っている。山勘という言葉の語源には諸説あるが、一説には山本勘助からきているという。勘助が根拠をもって判断したことでも、凡人には勘助の思考の過程が想像できないため、勘で決定しているように見える、ということらしい。田中以来の偽書説に立つ高柳は『甲陽軍鑑』の作者を景憲だと考えており、したがって『甲陽軍鑑』を悪本としている。当然その悪本にのみ活躍する勘助についても、田中と同様、疑念の目で見ていただろう。そこで、「山勘な男である」という言い回しで景憲を批難しているのである。高柳の後進たちは、「さすが高柳先生は、高尚な学問の中にも遊び心を忘れぬ余裕のある御仁だ」と畏敬の念を新たにし、ともに偽書説に立つ学者仲間は「高柳さんはエスプリが利いとるのう」と、その洒落た筆の運びに羨望を禁じ得なかった、かどうかは定かでないが、まあそのような反応を期待しての言葉遊びである。

それはそうと、日本中世史を代表する研究者である高柳が偽書説に立っていたことは了解されたと思う。このことは、田中の偽書説に立つ後続の研究者たちを大いに励ましただろう。

渡辺の著作の解説にて、渡辺を理想的な研究者として紹介した奥野高広の研究を見てみる。奥野はその著書『武田信玄』(吉川弘文館、一九五九年)の冒頭で次のように述べている。

武田信玄は、戦国時代の大立物の一人として、古くから多くの人々の関心を集めてきた。その事業と人間像とは、多くの著書もあって、ひろく一般に知られている。彼に対する評価も優秀な個性をもち、戦略・戦術に長じたまれにみる戦国武将であったことに一致点をみいだされる。けれどもこのような大立物を支えている背後のものについては、必ずしも深い検討が加えられていない。戦国時代の十年は、一世紀にも匹敵する多彩な内容をもつ。しかも信玄の活動は、千変万化の感がある。その伝記を年代的に記述すれば、ダイナミックにとらえることはむつかしい。そこで信玄を支えるものに焦点をしぼり、その事業を追求してみたい。(『武田信玄』前掲書、はしがき)

ここで表明された奥野の問題意識は、信玄の事業を、それを支えた背後のものに迫りながら明らかにしたいというものであり、渡辺が『武田信玄の経綸と修養』(前掲書)で示したものと非常に近い。両書を読み比べると、奥野の『武田信玄』の九割以上は、渡辺の『武田信玄の経綸と修養』の第一編とほぼ同様の内容である。

盗作と言いたいのではない。

渡辺の著作はそのタイトルの通り、信玄について第一編で経綸(国内統治や政策、計略や合戦を含む外交)の実像を明らかにし、第二編でそれを為し得た信玄の修養(学問や信仰などの内的世界)に迫ろうとするもので、紙幅の割き方は、やや第一編に偏るもののほぼ半々である。構成からも了解されるように、渡辺の主眼は第二編、信玄の内的世界への肉迫であり、そのために『甲陽軍鑑』を用いたことは前述の通りである。

対して奥野の『武田信玄』はその紙幅の九割をもって、信玄の事蹟を史料的根拠や先行研究を示しながら明らかにしようとする。この部分は、渡辺の『武田信玄の経綸と修養』では第一編に相当する部分である。残りの一割は信玄の人間像を描き出そうとするもので、渡辺の著作で言えば第二編の部分だが、奥野の叙述は史料上確認できるエピソードの紹介に終始しており、おまけのような印象を拭えない。少なくも渡辺と同程度の熱量で挑戦してはいない。

奥野の『武田信玄』を読んだ率直な感想は、渡辺の第一編と似ている、というものである。奥野を低く評したいのではない。

信玄の事蹟を、同じ史料を用い、同じ作法で叙述するのだから、基本的な内容が重複するのは当然であり、このことで奥野の研究者としてのオリジナリティを論じてはならないと思う。

論じたいのはそこではなくて、奥野が渡辺と同じ作法を用いる研究者である、つまり官学実証主義の系譜に連なる研究者である点、そして、渡辺を理想の研究者と仰ぎ、渡辺と同様の問題意識を表明しつつも、このような著作を世に送り出した点である。

渡辺は官学実証主義を代表する学者の一人である。信虎円満隠居説を覆した際の方法からも明らかなように、疑問点があれば直接一次史料にあたろうとし、その際には精緻で確実な史料批判をする。そして、それに基づいて歴史を論じる。勝れて正しい実証主義の研究者であり、奥野が理想として紹介するのも納得できる。

一方で渡辺は、信玄の内的世界や、武士道の形成と変容といった、およそ古文書や古記録を駆使するだけでは太刀打ちできそうにない課題にも挑み、そのために『甲陽軍鑑』を用いている。実証主義の作法で足場をしっかり固めた上で、並行史料と見比べながら師匠が偽書と断じた書物を用い、形而上の世界へ羽ばたく翼を養っていたように見受けられる。これは田中にはなかった一面であり、『武田信玄』を読む限りでは奥野にも継承されなかったものである。

渡辺のこの面を、奥野はどう評価していたのだろうか。

不要とするのであれば、「このような大立物を支えている背後のものについては、必ずしも深い検討が加えられていない」とか、「信玄を支えるものに焦点をしぼり、その事業を追求してみたい」といった問題意識を表明しなかったのではないだろうか。そして、信玄の事蹟を書き切った後に、おまけのようにして渡辺の第二編に相当する箇所を付け加えたりはしなかったのではないだろうか。

奥野は、渡辺の両面について肯定的に捉えていたのではないかと推測する。しかし実証主義の作法を守ろうとした結果、渡辺の第二編のような叙述ができず、第一編のみを踏襲するような本を書くことになり、その無念が、はしがきとおまけの部分に僅かに滲んでいるのではないかと思うのである。

渡辺同様、奥野も東京帝国大学史料編纂掛に職を得た。共に勤務している時期がある。付け加えると、高柳も史料編纂官だった時期がある。『甲陽軍鑑』の宿敵はここに奉職する習わしでもあるのだろうかと疑ってしまいそうになるが、無論そのような基準で人選をしているはずはない。ただ、正史編纂を担うこの組織が、田中以来の官学実証主義の牙城であったことは確かだと思う。

田中は『甲陽軍鑑』を偽書とした。渡辺は史料的価値を認めるような記述をしながら、結論としては田中の偽書説を支持した。

奥野はどうだろうか。『武田信玄』の中から『甲陽軍鑑』に関係する部分を抜粋し、検討したい。

> 『甲陽軍鑑』は、信玄に仕えた山本勘介の子で、京都妙心寺派の僧が、遺老の話を輯録したものというけれども、その多くは信用できない（田中義成博士『甲陽軍鑑考』）。（四三頁）

割注で田中の「甲陽軍鑑考」を示しているように、奥野の『甲陽軍鑑』に対する基本的な姿勢は、田中の偽書説に立ったものである。つまり史料として信用できないとの立場である。

その信用ならない『甲陽軍鑑』を用いた研究に対しては、次のような対応をとる。

> 景虎は、義清らを援けるため、八月に信濃に出兵し、晴信と川中島の中心地布施で戦ったが、やがて越後に帰国したと渡辺博士は解釈した。これにたいし北村氏は、この越後衆は景虎の部下でなく、村上氏の所領であった越後国魚沼地方から急いで南下した越後衆のことであって、両将が相対しての戦いでないとする。そして景虎が初めて信濃に出陣したのは、天文二十三年六月とし、『甲陽軍鑑』を証拠としている。『甲陽軍鑑』を典拠とする限りこの説は成立しえない。しかも天文二十二年九月廿一日附の晴信の感状があるし、弘治二年（一五五六）六月景虎が、長慶寺に隠居している天室光育（景虎は天室の先住した林泉寺で学問を修めた）に与えた書状（『歴代古案』）の一節に、これまで二度信濃に出陣したとある。（五四頁）

典拠が『甲陽軍鑑』であれば、それだけで「説は成立しえない」と言う。北村氏とは、陸軍の軍事史家北村建信である。奥野に限らず、日本中世史の研究者は軍事史家やその研究に対して異常なほど冷淡である。歴史学では史料的価値が低いとされる軍記物などの著述史料を平然と用いるからだろうが、それにしてもここに見られる奥野の振舞いはぞんざいすぎるのではないか。

「しかも天文二十二年九月廿一日附の晴信の感状があるし」以下の部分が気になる読者もいると思うので、本稿の主旨から外れてしまうが、少し説明したい。

景虎が初めて信濃に出陣したのはいつなのか、で意見がわれている。天文二十二（一五五三）年八月とする渡辺の説と、同二十三年六月とする北村の説を紹介し、奥野は渡辺説が正しいとしている。奥野の示す理由を、多少補いながら整理すると、次のようになる。

天室光育宛ての景虎の書状から、弘治二（一五五六）年六月の時点で、景虎の信濃出陣は二回だとわかる。そのうち一回は弘治元年七月の、渡辺説での第二回（田中説での第一回）川中島合戦である。よって残るのは一回である。それは渡辺の言う天文二十二年八月なのか、はたまた北村の天文二十三年六月なのか。

そこで「天文二十二年九月廿一日附の晴信の感状」である。天文二十二年に感状が出ている以上、天文二十三年に景虎が出陣したとは言えない。以上が奥野の説明である。

これには穴がある。まず第一に、「天文二十二年九月廿一日附の晴信の感状」の内容が示されていない。よってどの合戦での武功に対して出されたものなのか確認作業ができない。晴信の感状には合戦から数年後の日付で出されているものもあり、そうした感状は渡辺も史料として引用していたし、奥野も存在を認めている。この感状が天文二十二年八月の合戦における武功に対して発給されたものだという点を、奥野は第三者による検証が可能な形で示す必要があったと思う。

第二に、仮に問題の感状が天文二十二年八月の合戦にまつわるものだったとしても、晴信から見た敵勢が誰なのかは、感状だけではわからないはずである。奥野は感状の文面を紹介していないが、おそらくは「越後衆出張の砌、どこどこに於いて、これこれの働き、比類無き戦功の旨、いよいよ忠節神妙たるべきものなり、仍って件の如し」、このような文面だったのではないだろうか。敵が越後衆ということまでしかわからなければ、それが景虎率いる越後衆なのか、村上義清など他の者が率いる越後衆なのか、判断できないはずである。つまり、北村の説を否定する根拠にならない。

もしこの感状が、「どこどこに於いて、景虎に対し合戦を遂げ、勝利を得候刻、神妙の働比類無く候」のような文言ならば、そして本当に日付が天文二十二年九月二十一日であるならば、天室光育宛ての景虎の書状を示した上で、感状の全文を引用すれば、それで北村説の否定は完了である。それをしていないところを見ると、おそらく問題の感状の文面に、景虎の名前はなかったのではないだろうか。

そもそも奥野が軍配を上げた渡辺説だが、景虎の最初の信濃出陣については、渡辺自身が論証の中で「その時期が明らかでない」とし、決定打はないものの周辺史料から詰めていくならば「天文二十二年八月のことであろうと思う」と述べるに止めているのである。しかもその場合の出陣の目的は「義清等を援けるため」だったとしている。ならば景虎が出陣せず義清らだけが晴信と合戦に及んだ可能性も排除できないのであり、奥野が北村説を否定するためには、それなりに丁寧な論証が必要だったと思う。

本題に戻りたい。本稿は『甲陽軍鑑』偽書説をめぐる研究史を可能な限り平易に紹介しようとするものであり、ここでは奥野が『甲陽軍鑑』やその偽書説についてどのような立場だったかを検討している。

『甲陽軍鑑』を根拠にした北村の説に対し、「『甲陽軍鑑』を典拠とする限りこの説は成立しえない」と奥野が一刀両断したところまで見てきた。

奥野の著書『武田信玄』（前掲書）中の『甲陽軍鑑』関連記述をさらに見ていくことにしたい。

> この軍事行動は『甲陽軍鑑』に詳しいが、閏十月十七日晴信は、筑摩八幡宮別当に、その別当職を保証しているから史実と認められる。（五九頁）

北村にあの仕打ちをしておいて、『甲陽軍鑑』にも史実はあると述べている。奥野の中で整合性は取れていたのだろうか。

> 信玄の弟信繁が戦死するほどで、初めは政虎の勢力が優っていたが、後には信玄の軍のため側撃されて苦戦となった。『妙法寺記』『甲陽軍鑑』『上杉年譜』『北越軍記』『上杉輝虎注進状』などには詳しく戦況が書かれ、信玄が車懸（くるまがかり）の戦法を用いたとか、政虎が信玄の本営を襲撃したことなどが伝えられている。しかしこれらの真実性については明らかでない。（中略）この合戦で前半の敗戦の責（せめ）を負い、武田方の軍師山本勘介（勘助）が戦死したとの説がある。勘助については弁護

説もあるが、伝説の人物と見るべきである。（六九頁）

これは田中の「甲陽軍鑑考」と直接関わる。田中は山本勘助を山県昌景の一部卒に過ぎないとした。そして勘助の遺児が父の活躍を誇張・捏造して書いた「関山僧ノ記」のために、晴信の軍師として活躍する勘助が『甲陽軍鑑』に描かれるようになったとした。渡辺もこれを支持した。しかしここで奥野は、「伝説の人物と見るべきである」として、山本勘助の存在自体を否定している。その根拠は何なのか、田中の説をどのように訂正するのか、全く示されていない。因みに「信玄が車懸の戦法を用いたとか」とあるが、そんなことは『甲陽軍鑑』には書いていない。『甲陽軍鑑』の記述では、車懸りの陣を用いたのは謙信である。「信玄が車懸の戦法を用いた」と読み間違えそうな紛らわしい記述も見当たらない。政虎と書くつもりが信玄と書いてしまった、ケアレスミスだろうか。

そして『甲陽軍鑑』によると、武田氏の上級家臣団は総人数九千三百四十騎で、非戦闘員二百十八騎を除き、九千百二十二騎が戦闘主力である（戦時には小荷駄隊が編成される）。（一三六頁）

『甲陽軍鑑』で戦闘要員を九千百余騎としたのは、あながち根拠のない説とは思われない。（一五五頁）

『甲陽軍鑑』にも信頼に足る記述があると述べている。信頼できる記述もあるのであれば、北村の説に対してはやはり手順を踏んで反論すべきである。この奥野の著作を北村が読んだら、どういう思いをしただろうか。

『甲陽軍鑑』に喪を秘したことをのせ、遺体を諏訪湖に沈めたとあるのは誤りである。信玄の墓は当時のままでないが、恵林寺にある。（二六六頁）

これは田中が挙げた偽書たる根拠の一つである。年号の間違いを除けば、否定されずに残った唯一の根拠である。奥野が田中の偽書説を支持していたことが窺える記述である。

信玄が学僧を集め詩会を催し、作詩にふけり、国務を顧みなかったので、老臣の板垣信方が、密かに詩を学び信玄を諫めた話は、『甲陽軍鑑』に載せてある。（二七九頁）

『甲陽軍鑑』から信玄の作詩にまつわるエピソードを紹介している。これが信頼できる記述なのかそうでないのか、奥野は何も書いていない。実は『甲陽軍鑑』のこの部分は、渡辺が『武田信玄の経綸と修養』で用いている。その際渡辺は、この箇所については史実と認められると判断している。さらに、『甲陽軍鑑』に載録されている十七篇の詩についても捏造ではなく、信玄の作で間違いないと結論付けた。同時代の僧たちが信玄の詩稿について称賛の限りを尽くしていたことを示す史料を紹介し、渡辺自身も、語調や着想において武人の平均値を遥かに凌駕した、五山の学僧そのものの詩調であると高く評価している。

信用ならない『甲陽軍鑑』ではあるが、尊敬する渡辺が信頼できるとした箇所なので、奥野はそのまま用いたのだろう。

返す返すも北村が不憫でならない。

奥野の『甲陽軍鑑』に対する姿勢は見てきた通りである。

奥野は田中の偽書説を支持し、『甲陽軍鑑』に史料としての価値を認めていない。『甲陽軍鑑』を根拠にする説は、それだけで成立し得ないとし、田中が山県昌景の一部卒とした山本勘助については、伝説の人物として存在そのものを否定した。一方で信頼に足る記述を含む点を認め、渡辺が史料的価値を認めた箇所については自分でも使用している。

基本的に先学に従おうとするものであり、自ら『甲陽軍鑑』の史料的価値について検討する姿勢は見受けられない。田中の偽書説を無批判に受け入れている。

これがあるべき姿か否かは別にして、『甲陽軍鑑』や偽書説に対する奥野のこの態度は、戦後の日本中世史研究者に共通した、ごく平均的な態度であった。したがってこの時期、日本中世史の世界では、田中の偽書説を再検討するような動きは出る気配さえなかったのである。さらにこの奥野の『武田信玄』は、吉川弘文館の人物叢書シリーズの一つとして刊行されたこともあり、研究者が書いた本としては非常によく売れ、特に日本史を専攻したわけではない人たちにもよく読まれた。『甲陽軍鑑』

は偽書である、山本勘助は実在しなかった、これらの説が広く世の中に流布するきっかけとなった一書である。偽書説とは直接関係しないが、この奥野の著書には風林火山の旗の写真が収録されている（一六二頁）。写真の側にある本文は次の通りである。

また山梨県塩山市上萩原の雲峯寺には「諏訪法性」の旗とか「風林火山」の旗と称し、十六旗が所蔵されている。その他「孫子の旗」など多くの軍旗があった。　（一六二頁）

これもまた、世の中に広まってしまった。いわゆる「風林火山の旗」こそが「孫子の旗」なのであり、両者は同一の物である。「孫子の旗」というものが別に存在したかのように語られる原因の一つは、ベストセラーとなった奥野のこの本であろう。

次に小林計一郎の研究を紹介したい。

小林は大正八年に生まれ、神宮皇学館を卒業した後、長野工業高等専門学校で教鞭を執った。歴史学の研究者としては珍しい経歴だと言っていいと思う。戦後初期から甲斐武田氏の研究に着手し、精力的に論文を発表した。

「甲陽軍鑑の武田家臣団編成表について――「武田法性院信玄公御代惣人数之事」の検討」（『日本歴史』二〇六号、一九六五年）は、後に戦国大名論集の十巻目として刊行された『武田氏の研究』（吉川弘文館、一九八四年）に収録されている。この本は、甲斐武田氏に関わる論文を多角的に選んで収載したもので、八〇年代中盤時点での武田氏研究の動向と蓄積を把握するのに役立つ。小林が六五年に発表した論文は、八〇年代半ばになっても武田氏研究全体の中で重要な視角の一つだったのである。

『武田氏の研究』に収められた論文は十四本である。十四人の執筆者のうち、小林以外はみな、大学に勤めていたか、自治体で学芸員のような職に就いていた者である。

小林は戦後の武田氏研究を代表する学者の一人でありながら、その中にあっては、比較的学会の慣例や因習から自由だったのではないかと思われる。

右にタイトルを挙げた論文も、『甲陽軍鑑』に収録されている「武田法性院信玄公御代惣人数之事」（以下「惣人数之事」と表記する）について検討するもので、論文の主眼として『甲陽軍鑑』収録の記事を取り上げることは、歴史学の研究者としては希有であった。

論文の論旨は、『甲陽軍鑑』に収録されている「惣人数之事」の史料としての信頼度を、他の史料と比較することで確認しようとするもので、小林は、「惣人数之事」については「用心しながら使えば、ある程度、正しい史料として利用できるのではなかろうか」と結論している。

「惣人数之事」については、戦前に渡辺が「必ず何か確かな根拠のあること」だろうとして、その史料的価値を認めていた。小林はその確認作業をして渡辺の見解に同意したのである。

小林が比較に用いた史料は二点で、一つは「生島足島神社起請文」、もう一つは「天正壬午起請文」である。起請文というのは、神仏を証人にして相互不可侵や臣従を誓約する文書である。互いの利害関係が鋭く対立し、かつ複雑に絡み合う戦国乱世にあっては、具体的な第三者を証人に立てることが困難なため、こういうものが必要であった。

互いの不可侵を誓約していれば、その両者が政治的または軍事的に対等な存在だったということがわかるし、神仏に誓う形で特定の人物への忠誠を表明していれば、そこに署名している面々がその時点で誰の臣下だったのかがわかる。

ただ、戦国乱世であるがゆえに、不可侵の誓約などはしばしば反故にされる。すると起請文も破り捨てられるのであり、その場合、今日に伝わらない。あるいは、証人である神仏にしっかりと誓約の旨を届けるため、当人らが起請文を燃やし、その煙が天に昇っていくのを仲良く見上げたりすると、やはり今日に伝わることはない。起請文を取り交わした記録はあるのに、起請文を確認できないことがままあるのは、こうしたためである。

「生島足島神社起請文」は永禄十（一五六七）年（一部は九年）に武田の家臣らが信玄への忠誠を誓って生島足島神社に奉納したものであり、史料としては、この時期の武田家臣団の名簿として活用できる。

「天正壬午起請文」は甲州崩れの後、武田の遺臣らが徳川家康に臣従を誓った起請文であり、武田家臣団名簿の最終版である。

小林はこれらに記されている名前と、『甲陽軍鑑』所収の「惣人数之事」に出てくる名前とを比較して、史料としての信頼度を確認した。

全体として交名に異同が少ないこと。後世に語り継がれるようなことのない、名もなき武士の名前が一致していること。二点の起請文になく、「惣人数之事」にしか記されていない名前についても、そのほとんどが実在の人物だと確認できていること。これらを踏まえた結果、「惣人数之事」は、永禄十年頃の武田家臣団の全容を記した史料として利用可能だろうとしている。

では小林は、『甲陽軍鑑』そのものの史料的価値をどのように論じているのだろうか。同論文から引用したい。


「甲陽軍鑑」は、江戸時代の初期に、武田流軍学者小幡景憲が、編集したものであると考えられている。「甲陽軍鑑考」によると、景憲は高坂弾正忠の遺記、関山派の僧某の遺記などをもとにして編集したのであるという。その大部分は高坂弾正の著に仮托してあるが、後にも述べるように、高坂弾正という名は、確実な史料には見えぬもので、「甲陽軍鑑」の内容が疑わしいことは、この一事からも推測される。

しかし、この書は、おそらく寛永年間ころには出来上がっていたと考えられ、明暦二年（一六五六）・万治二年（一六五九）には、それぞれ刊本が出ている。かなり早いころの成立である。その編者小幡景憲は武田家臣の子で武田氏滅亡の時十一歳であった。武田の遺臣の大部分は幕臣になったから、景憲はそれらの武田遺臣のもとから、かなりの量の史料を採訪できたと思われる。それで、「甲陽軍鑑」には確実性のある史料の引用してある可能性が多いと見られるのである。

（二三七―二三八頁）


この通り、小林は基本的には『甲陽軍鑑』の史料的価値を認めていない。小幡景憲が高坂弾正を騙って作成したとし、さらに「高坂弾正」の名が確実な史料に出てこない点を指摘して、『甲陽軍鑑』

が疑わしい書物であると述べている。

しかし小林自身が論証したように、確実性のある史料が収録されている点は認めざるを得ない。その出所を、幕臣となった武田の遺臣とする点で、小林は田中と異なる。

田中は「高坂ノ遺記」があるために史実と認められる記述が混ざるとした。紹介した小林の論文に絡めると、幕臣となった武田の遺臣から収集した史料を用いて景憲が「惣人数之事」を作成したことになる。小林は論文内で、

まず、この史料は、その体裁から見て、二、三種類の原史料をつなぎあわせて編集した形跡がある。おそらく武田氏の旗本・役人の名簿のようなものがあり、それが原典の一つになったことであろう。

（二五七―二五八頁）


と、このようにおよその成立状況を推定している。推定するに止めており、誰からどういった史料を採訪すれば「惣人数之事」を編集できたかについては言及していない。

では、小林の言う「武田氏の旗本・役人の名簿のようなもの」として、どういったものが想像し得るだろうか。

「惣人数之事」には、「旗黒地に白丸」といった旗指物にまつわる記述、「二百騎」「足軽十人」といった動員兵力数の記述がある。したがって原史料は起請文ではない。起請文に必要なのは、誰が何を誓約するかであり、当事者が署名をするだけで、旗の色や動員人数は書かない。

可能性としては、軍役帳か、家臣に提出させた差出(さしだし)が考えられる。

軍役帳は大名が家臣一人一人に課した軍役の種類や量をまとめたものである。これがなければ自軍の戦力を把握できず、作戦も何も立てられない。差出は土地面積や諸負担などを書き上げて家臣から大名に提出したもので、どこの誰がどのような負担を課せられていたかがわかる。

軍役帳ならば、「惣人数之事」の原史料として申し分ないが、江戸時代初期に、永禄十年段階の武田氏の軍役帳を所持している者が果たして幕臣の中にいたのだろうか。いたとすれば誰なのか。見当がつかない。

差出だとしても、遺臣が所持していたのであれば、自分が提出したものの写しだと思われるので、「惣人数之事」を記すためには永禄十年頃に武田家に仕えていた全員のもとを訪ねる必要がある。しかし、そもそも江戸時代以前に亡んだ者や、武田氏滅亡の際に一族が四散した者もいる。景憲が全てを収集するのは不可能だったのではないだろうか。

また、動員数ではなく、「一、原大隅　御感状十八」のように感状の数を記している箇所もある。御道具衆の箇所であり、十名の名前と感状の数が並ぶ。この部分では名前と感状数を列記する他に、数点の感状の文面を引用している。偽文書とは思えぬ文言であり、編集時に手元に感状があったのではないかと推測される。しかし武士であれば感状を手放すはずがない。であれば写しのはずだが、感状の持ち主を訪ねた景憲が写させてもらったのだろうか。その際に数も数えたのだろうか。それを御道具衆十人分繰り返して記録を作ったのだろうか。

ここで一つ疑問なのだが、景憲が史料を収集して編集した場合、完成する「惣人数之事」は永禄十年頃の信玄麾下（きか）の軍勢ではなく、天正十年の勝頼麾下の軍勢に寄ったものにならないだろうか。

確かに武田の遺臣の多くは幕臣となったが、彼らは甲州崩れの際に武田軍を形成していた者たちであり、永禄十年にそうだった者たちではない。亡んだ者も含めて、永禄十年頃の軍容を再現している以上、景憲が史料を収集して編集したのとは別の成立状況を想定すべきではないだろうか。

もし仮に景憲が、江戸時代の初期に自ら史料を収集して永禄十年頃の武田軍の全容を明らかにしたのだとすると、彼は日本兵学の祖であるだけでなく、田中や渡辺など問題にならぬほどの日本随一の歴史学者でもある。

いったん景憲から離れて、「惣人数之事」の原史料を想像してみる。永禄十年頃の軍役帳、もしくは全員分の差出、このどちらか一方は必要である。引用されている感状かその写しも必要である。御道具衆の誰に何通の感状を出したかを集計可能な史料、例えば、信玄が発給した感状の写しがセットで残っているもの、これも必要である。

これらを手元に置けた人物を考えるに、まず第一は信玄である。しかし『甲陽軍鑑』には信玄死後の記述もあるため、信玄が作者だとは考えられない。次に考えられるのは信玄の側近である。『甲陽軍鑑』に署名している高坂弾正ならばこれらの史料に触れる機会があっただろう。

しかし小林は「高坂弾正」という表記は他の確かな史料に見えないとして、高坂弾正が作者であることを否定している。

また高坂弾正という名も良質の史料には見えず、正しくは春日弾正忠であり、ただ永禄二年と同六年の史料に香坂弾正左衛門・香坂弾正とあり、川中島の戦のころ、一時信濃の名族香坂氏を名乗ったことがあるだけである。高坂と書いたものは、正しい史料にはない。（二五七頁）

小林はこの点が気になったようで、別の論文でも改めて『甲陽軍鑑』の作者が高坂弾正ではないことを論じている。

「甲陽軍鑑」の重要な部分が高坂弾正の筆でないことはこの一事でも明白であり、第一高坂弾正の遺記などという物があったかどうか、甚だ疑わしい。このような大きな間違いが平気でまかり通っているところを見ると、「甲陽軍鑑」が執筆されたころ、天正初年の時代を体験した人が筆者の側にいなかったとみるべきであろう。

（「武田信玄の遺骸を諏訪湖に沈めること」『日本歴史』二四三号、一九六八年）

田中が『甲陽軍鑑』の典拠とした「高坂ノ遺記」について、その存在に疑念を表明している。奥野の『武田信玄』もそうであるが、戦後の『甲陽軍鑑』関係の研究の一部には、田中の「甲陽軍鑑考」ですら述べていないようなことを言いながら、田中の説自体には再検討を加えず、『甲陽軍鑑』を偽書とする結論だけは受け入れる、変な癖がある。

例えば、山本勘助が実在の人物なのか伝説の人物なのかは大きな違いである。「高坂ノ遺記」が実在したか否かもまた、大きな違いである。田中の説と大きく異なることを主張するのであれば、田中の「甲陽軍鑑考」を再検討すべきである。にもかかわらず、奥野も小林もそれをしない。しないくせに、田中の結論だけは支持するのである。

『甲陽軍鑑』は偽書である、という結論さえ守ることができれば、論証の過程はどうでもいいと言わんばかりの、なり振り構わぬ態度に見える。

因みに小林が述べている、「このような大きな間違いが平気でまかり通っている」とは、信玄の葬儀の件である。天正四(一五七六)年に執り行われたはずの信玄の葬儀を、『甲陽軍鑑』が天正三年のこととして書いていると指摘し、信玄の重臣ならば絶対にあり得ない間違いだとして高坂弾正が作者である可能性を否定した。そして『甲陽軍鑑』の史料的価値も否定したのである。

これは小林の指摘の方が間違っていた。まず上野晴郎によって(『定本武田勝頼』新人物往来社、一九七八年)、さらに改めて黒田日出男によって(「『甲陽軍鑑』をめぐる研究史――『甲陽軍鑑』の史料論(1)」『立正大学文学部論叢』一二四号、二〇〇六年)、小林説は否定されている。

天正三年に信玄の三回忌法要があり、天正四年に正式な葬儀があった。小林の指摘した『甲陽軍鑑』の記述は、三回忌にまつわるものであり、天正三年で間違いない。『甲陽軍鑑』には「御弔(おんとぶらい)」と書いてあり、葬儀とも法要とも解釈可能であったため、小林は葬儀だと理解したのだろう。

上野と黒田は並行史料を用いてこの箇所を三回忌法要とし、『甲陽軍鑑』の記述に間違いがないことを示した。

『甲陽軍鑑』の成立については、高坂弾正を騙った小幡景憲の作だとする説が田中以来日本中世史研究における揺るぎない定説である。この点ついては奥野も小林も一致して田中説を踏襲している。
『甲陽軍鑑』は偽書である、という結論についても両者の見解は一致している。さらに奥野も小林も、
田中以上に『甲陽軍鑑』の史料的価値を低く評する向きがある。
奥野は、山本勘助の存在を否定した。小林は、「高坂ノ遺記」の存在を甚だ疑わしいと述べた。
『甲陽軍鑑』の立場はますます悪くなり、田中の偽書説はいよいよ不動のものになりつつあった。

では田中の偽書説は全く批判に晒されなかったのかと言えば、そうではない。田中を批判する研究者は出た。ただし日本中世史の研究者ではない。

有馬成甫（せいほ）という、海軍出身の軍事史家である。海軍兵学校を出て海軍に入り、軍務に就いた後、予備役となった昭和四年に國學院大学で歴史学を学んだ。特に銃砲史の研究に力を入れ、昭和三十七年に「火砲の起源とその伝流」で同大学より文学博士号を取得している。軍人としては海軍少将まで進んだ。

有馬は「甲陽軍鑑と甲州流兵法」（『甲州流兵法――信玄流兵法』人物往来社、一九六七年）という論文を書いている。初めて体系的に成立した日本の兵法である甲州流兵法と『甲陽軍鑑』の関係を論じたものである。

田中説は、『甲陽軍鑑』は江戸時代の兵学者小幡景憲の作であり、景憲は兵学の教本とするためこれを書いたとする。

有馬は、『甲陽軍鑑』の作者は高坂弾正昌信であり、その死後は甥の春日惣次郎が書き継いだとする。

『甲陽軍鑑』の内容から兵法や武士道観を抽出して景憲が甲州流兵法を編み出したとし、田中説とは逆の成立順を唱える。

この論文での有馬の問題意識は、甲州流兵法の本質を探究する点にあった。甲州流兵法の源泉となった『甲陽軍鑑』への取り組みも、その記述の内容を理解・把握しようと努めるものである。年号の正誤に執着した田中とは、全く異なる姿勢で読んだと言える。

有馬は自説を論じるにあたり、『甲陽軍鑑』に史料批判を加え、その過程で田中以来の偽書説に触れ、田中が偽書たる証拠として示した(5)を否定している。

(5)『甲陽軍鑑』には、信玄の遺体を諏訪湖に沈めたと書いてある。しかし信玄の墓は甲斐の恵林寺にある。

これである。これは年号の誤謬を除けば唯一残っている偽書たる根拠であり、奥野も『武田信玄』の中で、

『甲陽軍鑑』に喪を秘したことをのせ、遺体を諏訪湖に沈めたとあるのは誤りである。信玄の墓は当時のままでないが、恵林寺にある。（二六六頁）

と述べ、田中説を支持している。

これに対して有馬は、『甲陽軍鑑』の該当箇所を引用するという、至極単純な方法で反論した。まず信玄の遺言を記している箇所、

それがしとぶらひは無用にして、諏訪の海へ具足をきせて、今より三年前の亥の四月十三日に沈め候へ

であり、次に信玄の死後、実際にどうしたかを記している箇所、

おの〳〵御遺言のごとく仕候へども、家老衆談合のうへ、諏訪のうみへ、しづめ申す事ばかり不レ仕

である（どちらも品第卅九）。

諏訪湖に沈めていないと書いてある。信玄は沈めるように遺言したが、家老たちが話し合った結果、沈めなかったと、はっきりと書いてある。

田中の挙げた証拠が成立しないどころか、逆に、田中が史料を読み間違い、その間違った解釈を根拠に偽書説を提唱した証拠にすらなりかねない強烈な指摘であった。

この指摘に続く有馬の言い回しは面白いので、そのまま引用したい。

はじめ私は田中博士が『甲陽軍鑑』を論ぜらるるに当って、『軍鑑』の記事を読み誤られるなどとは考えられないことであるから、信玄の遺骸を諏訪湖に沈めたと書いた『甲陽軍鑑』もあるかも知れないと考えていたのであるが、昭和三十四年三月に吉川弘文館から発行された東京大学助教授の奥野高広博士の『武田信玄』（二六六ページ）に、

『甲陽軍鑑』に喪を秘したことをのせ、遺体を諏訪湖に沈めたというのは誤りである。

とあるから、やはり信玄の遺骸を諏訪湖に沈めたと書いた『甲陽軍鑑』が、東大史料編纂所あたりにはあるのかもしれないと思っていた。

しかし、人物往来社で出版した戦国史料叢書中の磯貝正義・服部治則両氏校注、明暦二年版『甲陽軍鑑』（品第三十九）には「（信玄公の遺骸を）諏訪のうみへしづめ申事ばかり不ㇾ仕」とあるから、このことは奥野博士あたりから、件の文献を展示して戴かない限り、田中博士などに対した私の失礼な言葉も、そのままにしておくよりほかはない。

（「甲陽軍鑑と甲州流兵法」前掲）

明暦二年版『甲陽軍鑑』とは、当時最古の版本と考えられていた明暦本を底本にした活字本である。数ある『甲陽軍鑑』の版本・写本の中で、この時点での最良のテキストである。

これに、諏訪湖に沈めなかったと書いてある以上、田中が『甲陽軍鑑』を読み間違ったことは、ほぼ間違いない。それを確信した上で、有馬は奥野に史料を示せと言っている。田中が既に他界していたので、同じ説を唱える奥野を指名したのだろうが、行間からは、より挑発的な意図が見える。

田中は史料を読み間違った。では田中と同じ箇所を奥野も読み間違ったのだろうか。二人の学者が、

大部の史料である『甲陽軍鑑』の、偶然にも同じ箇所を、偶然にも同じように読み間違うことが、果たしてあり得るだろうか。

奥野は先行研究である「甲陽軍鑑考」を読んだだけで、史料である『甲陽軍鑑』にあたっていない、と有馬は直感したのだと思う。奥野の立場で想像してみれば、自ら偽書だと吹聴している史料を、わざわざ読む動機がない。

有馬はこうも述べている。

『甲陽軍鑑』の偽書説や仮託説を唱える人たちは、『甲陽軍鑑』を熟読して、その誠実性、その真剣性にふれていないのではないかと思われる。（同）

有馬の言う「田中博士などに対した私の失礼な言葉」はこれだろうか。おそらくこれだけではない。有馬はこれに先立つ他の論文（「甲陽軍鑑論」『軍事史学』一一号、一九六七年）でも田中の偽書説を批判しており、その中では田中の『甲陽軍鑑』の扱い方について「甚だ疎漏」と批難していた。字面の通りに受け取っても、史料の扱い方がなっていない、意地悪く推測すれば、扱う能力が備わっていない、と解釈される言葉であり、当時官学実証主義を代表する権威となっていた田中にここまで言う研究者は、日本中世史にはいなかった。さらには中世史家が金科玉条のごとく敬っていた田中の「甲陽軍鑑考」を、「妄論」と切り捨てている。小幡景憲が甲州流兵学を編み出したのだから、『甲陽軍鑑』も小幡の作であるなどと考えるのは、ナポレオン戦史と、そこから得られたクラウゼヴィッツの兵学とを分けて考えるだけの能力もない、すなわち歴史と兵学とを見分ける能力もない人間のやることだとし、田中が兵法を全く理解していなかったからこそ出てきた「妄論」が「甲陽軍鑑考」であると、口を極めて批判している。墓前で読み上げれば、田中が墓から這い出てきそうな攻撃的な論文である。

軍事史家及びその研究に対して冷淡に振る舞ってきた中世史側の、本流を自負する官学実証主義の研究者に対して、含むところがあったのは想像に難くない。

お前らちゃんと読んでるの？　そもそも本当に読んでるの？　言外にこうしたニュアンスを含んだ有馬の挑発は、奥野にとっては研究者としての存在意義を揺るがしかねないものだったはずである。官学実証主義がどのようなものかはくどいほどに述べてきた。史料を重んじ、史料と格闘し、史料を起点に歴史を論じる作法である。その系譜に連なる研究者にとって、史料を読んでいないと責められるのは、刎死(ふんし)に値する屈辱である。

有馬は、奥野が史料を示さない限り、「田中博士などに対した私の失礼な言葉も、そのままにしておくよりほかはない」と述べている。官学実証主義の名誉を人質に取ることで、奥野が逃げられないようにしたのである。奥野が有馬に勝つためには、『甲陽軍鑑』の中から信玄の遺骸を諏訪湖に沈めたと書いてある箇所を探し出し、提示するしかないのだが、そのような史料が存在しないことを、有馬は確信した上で挑発している。

しかし名指しで論戦を挑まれた以上、戦わなければ学者として失格である。研究を続けることはできるだろう。だが不名誉は一生つきまとい、決して雪ぐことはできない。しかもこの場合、奥野は自分だけでなく、尊敬する先人たちの名誉をも背負わされてしまっている。

奥野は反撃を試みた（「『甲陽軍鑑』の史料価値」『日本歴史』二四〇号、一九六八年）。しかし、信玄の遺骸を諏訪湖に沈めたと書いてある史料はなく、史料解釈の問題に引き付けて田中の解釈の正しさを述べようとする、窮屈で苦しい反論に終始した。奥野が披露した史料解釈は次のようなものである。『甲陽軍鑑』品第卅九の次の記述、

諏訪のうみへ、しづめ申す事ばかり不レ仕

諏訪湖へ沈めることだけはしなかった。これに言葉を補い、

諏訪のうみへ（御尊骸を）、しづめ申す事ばかり、（御弔は）不レ仕

諏訪湖へ（ご遺体を）沈めただけで、（弔いは）しなかった。こう読むのが正解だとしたのである。この括弧内の言葉は磯貝正義・服部治則校注、明暦二年版『甲陽軍鑑』にあり、奥野は磯貝・服部の校注を根拠に右の解釈が正しいとし、田中や奥野自身が『甲陽軍鑑』を読み間違ったのではないと主張した。しかし磯貝・服部が原文にないこの文言を差し挟んだのは、両氏が解釈を検討した結果ではない。ただ単に『甲陽軍伝解』が補入していたものを示しただけであり、その意図は、『甲陽軍鑑』と『甲陽軍伝解』の異同を明らかにすることである。両氏が用いた『甲陽軍伝解』は元禄十二（一六九九）年板行のものである。つまり括弧内の言葉を補って解釈すべきとする奥野の主張は、元禄十二

年以前の解釈を鵜呑みにすべきと論じるもので、昭和四十三年当時にあって、およそ説得力を持つ説にはならなかった。

そもそも田中が「甲陽軍鑑考」を書いた明治の代に、磯貝・服部の『甲陽軍鑑』は存在しない。田中が両氏の校注を見たはずはなく、『甲陽軍鑑』を読み間違った以外の可能性があるとすれば、『甲陽軍伝解』を『甲陽軍鑑』だと思い込んで読んだくらいだろうか。無論、そんなはずはないのであり、奥野の反論は、有馬から逃げなかったという点を除けば、肯定的に評価すべきところを見つけられないものだった。

有馬の勝利である。

信玄の墓が恵林寺にあることは、『甲陽軍鑑』の史料的価値を否定する根拠にはならなかったのである。むしろ、信玄の遺骸の扱いについては、『甲陽軍鑑』に史実が記されていたのである。定説を覆すほどの、決定的な史料を示す。これ以上の方法はない。歴史学における正統派の、そして最も説得力のある方法であり、本来ならば、奥野の方が用いるべき手法であった。

ところで有馬は、どのようにして史料批判の腕を磨いたのだろうか。『甲陽軍鑑』のような大部の史料を扱い、中世史家しかも官学実証主義の研究者を打ち破るほどの精度にまで高めるには、かなりの鍛錬が必要だったはずである。

中世史家が軍事史家に冷淡なのは、第一には中世史側の自意識の問題であると思うが、軍人上がりの多かった軍事史家の史料批判や論証が、それを専門として研究に取り組んできた中世史家の基準からすると総じて未熟だった点も否定しきれない（中世史と軍事史とでは主として扱う史料が異なるので、中世史側の基準で一概に未熟とするのも間違いだと思うが）。軍事史家である有馬は、『甲陽軍鑑』への史料批判はそこそこにして、早く内容に取り掛かりたいと思わなかったのだろうか。

有馬は本来海軍の軍人である。予備役となり、國學院大学で歴史学を学んだ。その際彼を指導したのは、東京帝国大学史料編纂官と兼務して國學院大学で教鞭を執っていた、渡辺世祐である。

有馬は海軍出身の軍事史家であるが、作法としては渡辺仕込みの官学実証主義で鍛えられていた。甲州流兵法の本質を探究しようという、その問題意識からして、もし有馬が中世史の道を選んでいたら、本当の意味での渡辺の後継者になったかもしれない。

小林も有馬へ反論した。ただし奥野とは別の問題である。

小林は『甲陽軍鑑』の成立について、江戸時代初期に小幡景憲が史料を採訪し編集したとする。「高坂」の表記が確かな史料にないとして高坂弾正が作者でないことは明白だとした。

高坂弾正を騙った小幡景憲の作だとする説は、田中以来日本中世史では揺るぎない定説であったが、有馬は高坂弾正を第一の作者と論じた。有馬は内容を検討した結果、『甲陽軍鑑』の史料的価値を認める立場を採り、史料に記された署名や成立過程を肯定したのである。

この点について、つまり『甲陽軍鑑』の作者が誰なのかについて、小林は有馬に反論したのである（「武田信玄の遺骸を諏訪湖に沈めること」前掲）。

小林は『甲陽軍鑑』の作者を小幡景憲とする。この点で田中と一致する。まず小林は、田中の「甲陽軍鑑考」のうち、信玄の遺骸にまつわる記述を紹介し、先の奥野と有馬の論戦に触れて、有馬の説が正しいとした。

次に、戦前の渡辺の研究を挙げ、晴信が父信虎を追放したことは『甲陽軍鑑』の記述の通りだとし、田中が示した偽書たる根拠の二点については成立しないことを認めた。

そして「甲陽軍鑑考」には説明不足や誤りがあると、論文内に明記した。『甲陽軍鑑』偽書説始まって以来の、画期的な言及である。

この画期的な言に及んだ小林は、田中の「甲陽軍鑑考」をどう捉え直したのだろうか。その認識が表明されている箇所を紹介する。


さて、「甲陽軍鑑考」は再検討を要する点もあるが、それは枝葉の部分で、その論の根幹はまず動かぬであろう。（「武田信玄の遺骸を諏訪湖に沈めること」前掲）

たとえ論証の根拠が崩れたとしても、論文本体の結論は倒れないのだという、これまた画期的な宣言である。柱も梁も欠陥だけどちゃんとした家だよ、と勧められて、小林は住むのだろうか。

小林は戦後の武田氏研究を代表する学者の一人である。このような非理性的な判断、あるいは先学への情熱的な信奉、頭脳ではなく心で結論を導き出すかのような振舞いを、本来はしないはずの研究者である。しかしここでは、堂々とそれをしている。

『甲陽軍鑑』が偽書でないとなると、有馬の唱える高坂弾正を作者とする説が成立してしまうと考えたのだろうか。小林は有馬の説を次のように否定する。

有馬氏は、「甲陽軍鑑」の筆者は高坂弾正であるといわれるが、これはそう信ずるというのみで、
その論拠は示されていない。

小林はこう言うが、有馬は論文の中で、高坂弾正を作者とする論拠を示している。その主たるものは、史料そのものにある高坂弾正の署名である。『甲陽軍鑑』に史料的価値を認めている有馬は、史料の表記を信頼しているのであり、その表記こそが論拠なのである。

逆に、田中が史料にある署名を信じなかった理由は、年号の誤謬が多い『甲陽軍鑑』を偽書としたからである。そのために後世の人物である小幡景憲を作者とする説を唱えたのであり、こちらの方こそ史料的根拠が弱い。有馬はこの田中説を否定した上で史料の記述を採用している。つまり偽書とする根拠を否定した上で史料を信頼しているのであり、論拠も示さずにそう信ずるなどと言い張ったりはしていない。

この点だけでも、小林の反論は的外れだった。

しかし何と言っても、小林の田中説への姿勢である。論拠が崩れても結論は動かないとして偽書説を信奉している小林に、論拠を示したり論証したりしても意味はないのである。どのような議論になろうとも、偽書であるという結論は小林の中で最初から決定しているからである。

この論文中で小林は、高坂弾正が作者でないと考える理由については述べているが、小幡景憲を作者とする根拠は一つも挙げていない。田中と同意見なので述べるまでもないということかもしれない

が、しかし同論文中で小林は「高坂ノ遺記」の存在を甚だ疑わしいと述べており、この点では明確に田中と異なる。これも小林にとっては「枝葉の部分」に過ぎないのだろうか。

結局有馬の論文も、偽書説を覆すには至らなかった。有馬の問題ではなく、中世史側の問題だったと思われる。

奥野は有馬に敗れ、小林は言い掛かりをつけたついでに田中教の信者であることをカミングアウトした。

有馬により、田中が挙げた偽書たる根拠はまた一つ崩されたのだが、それでも日本中世史の研究者たちが『甲陽軍鑑』の史料的価値を見直すことはなかった。

奥野も、小林も、他の中世史家たちも、有馬の指摘は不作法な門外漢が外野からわめいただけだという体（てい）で、田中の「甲陽軍鑑考」を再検討することもなく、何事もなかったかのように偽書説を肯定し続けた。この辺りから田中の偽書説は、学問上の議論を超越した、信仰上の存在になっていく。

次に進む前に、奥野の他の研究について少しだけ触れておきたい。奥野は、現存する織田信長の発給文書を網羅的に調査し、文書ごとに解説を加えながら編年配列するという、重要かつ困難な仕事を成し遂げた学者である。官学実証主義の真骨頂と評すべき偉大な業績であり、その後の織豊期研究に与えた影響は計り知れない。今日、奥野の『織田信長文書の研究』（上下、吉川弘文館、一九六九、七〇年）をめくらずに信長を研究する者は、大学と名のつくところに限って言えば、ただの一人もいないだろう。

しかも奥野は、一度これを出版した後、新訂増補版を出し直している。調査に漏れた文書が発見されたためでもあるが、奥野自身が自ら行った年代比定や解釈をやり直している箇所もある。

本稿では、奥野が渡辺を理想と仰いでいたことを窺わせる文章を引用した。今一度それを紹介したい。

その学位論文に見られるように、博学達識で博引旁証、一言一句も疎かにされない学風である。しかも昭和十八年「日本文化名著選」のうちとして刊行するにあたり、再訂や訂正を加えてある。見習うべき態度である。

一度完成させた仕事に向き合う根気。必要があれば訂正する勇気。自説を守ることよりも、史実の追求に力を尽くす誠実さ。理想とした渡辺の姿勢に、奥野は正しく倣ったと言える。

このような奥野ですら、田中の偽書説を無批判に支持した。確かに田中は官学実証主義を代表する学者である。しかし田中の説を守ることと、官学実証主義を守ることとは、決して同義ではない。しかし奥野の著作を読む限り、あたかも偽書説を支持することが、真っ当な歴史学者の証であるかのように信じ込んでいたのではないかと思われるのである。

戦後も、日本中世史研究において、偽書説は鉄案であった。高柳光寿に踏襲されたことでお墨付きを得、奥野や小林などの代表的な研究者から積極的に支持された。軍事史家の有馬から批判は出たものの、中世史の世界にあっては、田中の説は動かぬものとして守られたのである。

第四章　不都合な史料
――菅助に戸惑う研究者たち――

昭和四十四（一九六九）年、北海道釧路市にて、武田氏の研究に関わる人々にとって、そして『甲陽軍鑑』偽書説を支持する人々にとって、衝撃的な史料が発見された。

弘治三（一五五七）年六月二十三日付けで、武田晴信が市河藤若に宛てた書状、「市川文書」である。有名な話なので、今さらここで述べるのは無粋かもしれないが、この書状が発見された経緯を記しておきたい。

甲州崩れの後、武田の遺臣の多くは家康に召し抱えられて幕臣となったが、一部は上杉氏に迎えられていた。江戸時代、上杉氏は米沢藩主である。明治維新後、大政奉還によって失職した藩士たちの雇用問題は明治政府の懸案事項の一つだった。そこで松前藩及び東北諸藩の旧藩士を屯田兵として北海道の開拓にあたらせる政策が打ち出され、実際に北海道に移住した旧藩士たちがいた。この史料はそうした経緯で北海道に住んでおられた米沢藩士の子孫、つまり武田家臣の末裔の方が個人で所蔵されていたものである。

史料批判の結果、晴信直筆の花押のある、晴信の発給文書だと確認され、年代は弘治三（一五五七）年に比定された。

この書状がなぜ衝撃的だったのかを説明した後、これをめぐる研究が偽書説とどのように関係したかを見ていきたい。まずは書状を紹介する。

注進状披見、仍景虎至于野沢之湯進陣、其地へ可取懸模様、又雖入武畧候、無同意、剰備堅固故、長尾無功而飯山へ引退候哉、誠心地能候、何ニ今度其方擬頼母敷迄候、就中野沢在陣之砌、中野筋後詰之義、預飛脚候き、則倉賀野へ越上原与三左衛門尉、又当手之事も塩田在城之足軽為始、原与左衛門尉五百余人真田江指遣候処、既退散之上不及是非候、全不可有無首尾候、向後者兼存其旨、塩田之在城衆ニ中付候間、従湯本注進次第ニ当地へ不及申届可出陣之趣、今日飯富兵部少輔所へ成下知候条、可有御心易候、猶可有山本菅助口上候、恐々謹言、

六月廿三日　晴信（花押）

市河藤若殿

注進状被見す、仍って景虎至りて野沢の湯に陣を進む、その地へ取懸べき模様、また武略を入れ候と雖も、同意なく、剰え備え堅固ゆえ、長尾巧なくして飯山へ引き退き候や、誠に心地よく候、いずれに今度その方の擬り頼もしきまでに候、なかんずく野沢在陣の砌、中野筋後詰の義、飛脚に預かり候き、則ち倉賀野へ上原与三左衛門尉を越し、また当手のことも塩田在城の足軽を始め

とし、原与左衛門尉五百余人を真田へ指し遣わし候ところ、既に退散の上、是非に及ばず候、全く無首尾に有るべからず候、向後は兼ねてその旨を存じ、塩田の在城衆に申し付け候間、湯本より注進次第に、当地へ申し届けるに及ばず、出陣すべきの趣、今日飯富兵部少輔所へ下知を成し候条、御心易くあるべく候、なお山本菅助口上あるべく候、恐々謹言、

六月二十三日　　晴信（花押）

市河藤若殿

注進状を読んだ。それによれば、長尾景虎が野沢の湯に陣を敷き、そちらへ攻撃を加え、調略も用いたようだが、これに応じず、また守りが堅固だったため、景虎は武功を立てられずに飯山へ引き返したとのこと。（この結果は）まことに心地よく、（結果に至るまでの）藤若の状況判断（推量・擬定）は頼もしくさえ思う。景虎が野沢に在陣している間、中野筋へ後詰を送るよう飛脚をもらった。ただちに倉賀野にいた上原与三左衛門尉、塩田城の足軽、原与左衛門尉の五百余人を真田幸綱の麾下に入れて送ったが、既に景虎が退散していて間に合わなかった。決して対応を怠ったわけではない。今後については、その方（藤若）の意見を採用し、塩田の在城衆に申しつけておく。湯本（藤若）から注進があり次第、晴信に伺いを立てることなく、出陣せよと。このことを今日、飯富虎昌へ下知しておいたので安心してほしい。詳細は山本勘助が話す。

書状は弘治三年のものである。この年の五月、景虎は信濃に出陣した。武田方の前線指揮官は晴信

の宿老中の宿老、飯富虎昌である。その麾下、文字通りの最前線に市河藤若がいた。書状発給の前後を見てみる。景虎の猛攻により、五月の上旬には香坂城が焼かれ、次いで埴科郡（はにしなぐん）の一部が攻め破られた。

書状が六月二十三日である。七月五日には両軍が衝突し、八月には第三回川中島合戦がある。このようにこの書状は、三カ月以上に及ぶ軍事衝突の最中に発給されている。

内容を見てみたい。

藤若が守りを固めたため景虎は一気に抜くことができず、野沢に陣取った。景虎の攻撃に耐えながら、藤若は晴信に後詰めの派遣を要請する。間に合えば、押し戻しながらかなりの敵兵を討ち取れたかもしれないし、藤若を攻めあぐねている景虎軍に側面攻撃をかけられたかもしれない。しかし間に合わなかった。調略にも乗らず、自分の持ち場を死守しながら、全軍の勝利のために意見具申をしてきた藤若に、結果として晴信は応えられなかった。

敵は景虎である。苛烈を極めた防戦だったと思われる。後詰めの到着を信じ、武田の勝利のために必死に堪える藤若の姿を、晴信は想像したかもしれない。

意見具申を二度と無駄にしないため、命令系統の整備をしたと記している。藤若を気遣う晴信の気持ちが伝わって

山本勘助.

くるようである。

「猶可有山本菅助口上候」（なお山本菅助口上あるべく候）とある。この書状を携えて藤若のもとへやってきた人物は「山本菅助」といった。

山本勘助である。

それまで『甲陽軍鑑』にしか確認できず、伝説の人物として存在をも否定されてきた勘助の名が、晴信の発給文書に記されていたのである。武田氏の研究に携わる人間にとっては衝撃的な発見であった。同時に、『甲陽軍鑑』偽書説を唱える研究者にとっては不都合な史料の出現でもあった。

まずこの書状が出てきた時点で、奥野のような、山本勘助を伝説の人物とする説は粉砕された。晴信の発給文書に出てくる以上、実在の人物であることは間違いないのである。

次に、田中が言うような、山県昌景の一部卒という説も成り立たなくなった。この書状に見える「山本菅助」は、晴信の使者として働いている。後述するが、小林などの研究により、晴信の使者は、晴信の直臣（じきしん）のうち、相当な地位にいる者から選ばれていることが明らかになった。この書状だけ例外扱いする積極的な理由がなく、したがってこの「山本菅助」は、晴信の直臣であり、しかも相当な地位にいた者だったと考えるしかなくなったのである。これは田中の説とは両立しない。

さらに書状の内容からして、晴信が藤若に伝えるため「山本菅助」に言い含めた内容は、間違いなく軍事に関わることである。対景虎戦の最中に、総大将の晴信から最前線の藤若への使者として派遣されているのであり、当時の武田氏にとって極めて重要な軍事上の伝達を託されたと考えられる。

藤若の持ち場から退散しただけで、景虎は越後に帰ったわけではない。まだ信濃にいる。次にいつ仕掛けてくるのか、そしてどこを狙ってくるのか、全く予断を許さない。前線の各所が連携しなければ、順々に砕かれてしまう恐れもある。どこが攻撃された場合でも、そこ以外の戦力が迅速に駆けつけて景虎に対処する体制が必要であり、晴信の判断を仰がずに塩田の在城衆が出陣可能になったのは、そういう体制作りの一つだったのだろう。

改められた命令系統の運用や、今後の対景虎戦について、書状だけでは意思疎通が不足だったため、「山本菅助」が使者に立てられたのである。

使者は単に書状の運搬係りではない。発給者の意図を受給者に伝え、受給者の返答を発給者に伝えなければならない。受給者が発給者の意図について使者に質問する場合も当然あるわけで、その場合、使者は発給者の意図するところをよく心得ていなければ正しく返答ができない。

この書状の場合、「山本菅助」は軍事上の内容を託されるのだが、総大将である晴信の戦略や戦術を理解していなければ、それを最前線の藤若に伝えることができず、藤若から得られた情報が全体の軍事的構想にどう影響するかがわからなければ、晴信に正しい報告ができない。

であるから、この「山本菅助」は、足軽や雑兵の類いでは絶対にない。

藤若のもとへ出発する前、晴信のもとへ帰ってきた後、「山本菅助」は晴信と軍事上の問題について懇ろに談合したはずである。それはつまり、景虎との戦いにどのようにして勝つかという問題について、晴信と「山本菅助」が話し合う関係にあったということである。まさに、『甲陽軍鑑』に描かれる軍師としての山本勘助と、重なり合う姿であった。

この史料を、研究者たちはどのように受け止めたのだろうか。

小林は「山本勘介の名の見える武田晴信書状」（『日本歴史』二六八号、一九七〇年）で、この書状を取り上げた。書状の出てきた経緯を紹介し、伝来の確かな史料であることを述べ、その内容を検討し、書状は山本勘助が実在した証拠になるとした。年代比定もしており、景虎の名乗りと、景虎の信濃出陣の時期からしぼって、弘治三年としている。

さらに小林は、武田家臣団における山本勘助の地位を推定するため、川中島合戦の期間に晴信の使者として史料上確認できる他の名前を洗い出した。小林によれば次の顔触れである。

・高白斎（こうはくさい）
・跡部左衛門尉（あとべさえもんのじょう）
・篠原
・飯富兵部少輔（おぶひょうぶしょうゆう）
・富森左京亮（とみもりさきょうのすけ）
・馬場美濃守
・香坂弾正左衛門
・甘利
・道空

小林が論文で示した解説を下敷きに、それぞれについて簡単に説明したい。

高白斎は晴信側近の参謀。彼の日記『高白斎記』は武田氏を研究する際の重要な史料である。

跡部左衛門尉の実名は特定できていないが、跡部氏は「惣人数之事（そうにんずのこと）」（永禄十年頃）では御譜代家老衆、「天正壬午起請文（てんしょうじんごきしょうもん）」（天正十年）では親族衆に属しており、家中における地位は非常に高かったと思われる。

篠原は諏訪代官。

飯富兵部少輔は信虎以来の宿老、飯富虎昌。

富森左京亮は室町幕府の幕臣であり、武田の家臣ではない。勘助の地位を推定する際には除外して考えていいと思われる。

馬場美濃守は「惣人数之事」で御譜代家老衆の筆頭、馬場信春。

香坂弾正左衛門は高坂弾正昌信、晴信側近中の側近。

甘利は甘利昌忠、御譜代家老衆で百騎の将。

道空については小林は何も述べていない。川中島合戦の時期に限定せず、晴信の書状を見渡すと、使者には僧が立てられている場合も多い。しかし晴信の文書に見える使者が僧の場合、文中での表記は「使僧」や「客僧」、「〇〇院」または「〇〇和尚」である。僧でないならば何者だろうか。この小林の論文より数十年後に出た平山優の著書では、武田氏の奉行を務めた野村氏の野村道空としている（『山本勘助』講談社現代新書、二〇〇六年）。だとすれば、地位は高い。少なくも、陪臣や雑兵ではない。

この結果に対し小林は、「これらの使番（つかいばん）又は奏者（そうしゃ）の地位は、相当高いとみねばなるまい」と述べ、山本勘助については「信玄の側近にいて、ある程度の地位を持ち、信玄の信任も得ていたと考えてよい」としている。

武田二十四将（部分）.

この小林の見解は、勘助を山県昌景の一部卒とする田中の説とは共存できない。

この点について小林は、田中説の根拠となった史料『武功雑記』の記述が誤りだったと述べるのみで、田中の「甲陽軍鑑考」については直接の言及を避けている。一方、勘助については、『高白斎記』に勘助が登場しないことから、天文二十二（一五五三）年以降の新規登用であり、また勘助にまつわる史料がほとんど伝わっていないことから、おそらく永禄四（一五六一）年の川中島合戦で戦死したのであろうと述べている。つまり概略については『甲陽軍鑑』に記述される山本勘助像と矛盾しないということだが、「甲陽軍鑑考」についても『甲陽軍鑑』についても、小林は直接は何も論じていない。

論文の結論部分では「山本菅助は当時晴信の側近で一応の地位を占めていたに違いない」とし、勘助の地位について、論証の過程段階よりも控えめな評価に修正している。田中の偽書説を守ろうとする本能が働いたのだろうか。

小林の調査結果を見る限り、使者に立てられている面々は、武田軍の中核をなす高級将校である。評すならば、一応の地位というよりは、別格の地位といった方が妥当ではないだろうか。

また、『武功雑記』の記述が誤りならば、田中は誤った記述を根拠に偽書説を唱えたことになる。当然、偽書説の信憑性に関わる重大な問題なのだが、この点について小林は何も述べようとしない。小林にとってはこれも「枝葉の部分」であり、田中の説そのものは動かないということなのだろうか。

この他に「市川文書」の発見を伝える研究としては、佐藤八郎の「山本勘助史料の発見」（『甲斐路』一七号、一九七〇年）がある。

史料の伝来が確かなものであることを述べ、書状の全文を紹介した上で、従来一部の史家から、その実在を疑われていた勘助が、晴信の信頼の厚い上級将校であったことが証明されたわけで、この文書の出現は、最近の朗報というべきであろうか。

と、締めくくっている。小林の研究が念頭にあったと思われるが、勘助の地位については小林よりも高く評価している。他の使者の顔触れを見れば、この佐藤の評価の方が妥当だろう。また佐藤は、藤若について、武田家信州先方衆の有力武将、市川信房の初名（しょめい）であろうと推定している。遥か後、二〇一五年に刊行された『武田氏家臣団人名辞典』（柴辻俊六他編、東京堂出版）も同様の立場を採っている。佐藤の論文は「市川文書」を紹介することを目的としていたため、『甲陽軍鑑』の史料論までは進展しなかったが、この書状が偽文書ではなく、史料的価値の高い一級の史料である点は、先の小林の研究とあわせて、中世史家の間にはっきりと示されたのだった。

偽書説の再検討までは至らなくとも、山本勘助の実在を決定付けた書状の発見は、武田氏の研究に携わる多くの研究者に衝撃を与えた。

磯貝正義は服部治則とともに明暦二年版『甲陽軍鑑』の校注をした学者であり、武田氏にまつわる研究史を語る上では外すことのできない一人である。その著書『定本武田信玄』（新人物往来社、一九七七年）で、磯貝は「市川文書」の発見に触れ、山本勘助に関わる従来の研究について次のように述べている。

勘介は『甲陽軍鑑』等によって、古来有名な人物であるが、従来信玄時代の確実な史料に出てこなかったため、架空の人物であろうとか、実在しても『武功雑記』にいうような山県昌景の部卒程度の人物であろうとされてきた。ところが、近時、北海道釧路市在住の市川良一氏宅から六月二十三日付の市河藤若宛晴信の書状が発見され、その実在が証明された。これは弘治三年、第三回川中島合戦の最中に、晴信が武田方に味方していた信・越国境地帯の豪族市河氏に与えた書状であろうと推定されるが、文の末尾に「猶可レ有二山本菅助口上一候」と見える。山本菅助なるものが、晴信の使節としてこの書状を市河氏のもとへ携行したことが知られる。晴信の使節である以上、その信頼の厚い家臣であったろうから、山県の部卒といった軽輩でなかったことは明らかである。しかし勘介（菅助）が、信玄の軍師であったという伝えは信じられないし、まして〝晴信〟の偏諱（へんき）を貰って〝晴幸〟と称したなどというのは、〝晴〟字が将軍義晴の〝晴〟であり、これを他人に与えるなどということは全くありえないし、信玄が偏諱を与える場合は、すべて「信」であるから、後世の造作であることは明瞭である。とにかく、『軍鑑』およびその系統を引く諸書が、勘介をあまりにも称揚しすぎたため、その実像が失われ、かえって実在そのものまで疑われる結果となっていたが、「市川文書」によって正しい位置づけが試みられるようになったのは喜ばしい。

（二〇三―二〇四頁）

磯貝の紹介する「架空の人物であろう」とは奥野高広の、「実在しても『武功雑記』にいうような山県昌景の部卒程度の人物であろう」とは田中義成の説である。両説は「市川文書」の発見により成立しなくなったが、これらの誤った説が提唱された理由について磯貝は、「『軍鑑』およびその系統を引く諸書が、勘介をあまりにも称揚しすぎたため、その実像が失われ、かえって実在そのものまで疑われるようになっていた」と述べ、奥野や田中の責任ではなく、『甲陽軍鑑』に責任があると言い掛かりをつけている。

学者が説を誤るのは学者の責任であり、史料の責任ではない。もし『甲陽軍鑑』に対してではなく、『妙法寺記』や『高白斎記』に対して同様の態度を取ったとしたら、つまり、史料が悪いから学者が説を誤ったのだと責任転嫁したとしたら、その人物は研究者としての基本的資格を欠いていると見なされるだろう。磯貝ほどの研究者からこういう暴論が飛び出し、それが罷り通ったのは、『甲陽軍鑑』を貶すぶんには何をどう言っても構わないという、異常な雰囲気が研究者の間に蔓延していたからである。

勘助の存在を否定した奥野の説には史料的根拠がない。奥野の頭の中には何かあったのかもしれないが、論文に示されてはいない。史料的根拠を示さずに勝手を言った奥野の責任こそ追及されるべきであるし、そのような奥野の説を検討もせずに鵜呑みにした周囲の研究者たちにも責任はあると思う。

この磯貝の著書の巻末には主要参考文献のリストがある。先行研究については著書のみのリストなので、雑誌に載っただけで本にはならなかった田中の「甲陽軍鑑考」は載っていない。そのリストにある著書で、磯貝が特に重要だと考えていたものについては、紹介文が添えられている。例えば、渡辺世祐の『武田信玄の経綸と修養』には、武田信玄の計略事業と信仰・文芸に関する最高の研究書。〝川中島五戦説〟や〝信長包囲網の形成〟など今日なお鉄案とするものが多い。

このように添えられている。

奥野高広の『武田信玄』については、

戦歴だけでなく、権力構造や時代の背景の中で信玄像の把握を試みた、戦後の信玄研究の最高峰。

このような評価をしている。

「市川文書」の発見により、山本勘助が実在した点は認めざるを得なくなったが、それでも田中以来の偽書説に立つ奥野の研究が「戦後の信玄研究の最高峰」だという。これは磯貝の見解であるから、磯貝がそう判断すること自体をとやかく言うつもりはない。

ただ筆者は別の考えである。

奥野の『武田信玄』は本稿でも既に紹介している。『甲陽軍鑑』に関わる部分で言えば、勘助の存在を否定したり、信玄の遺骸を諏訪湖に沈めたと『甲陽軍鑑』に書いてあるなどと述べてみたり、誤った見解を含む。後者については有馬成甫との論戦に敗れ、その中で、奥野が『甲陽軍鑑』の該当箇所を読まずに執筆に及んだ可能性が垣間見えた。さらに、信玄が車懸の戦法を用いた、という読み間違いなのか単純な表記ミスなのか判断しかねる誤謬があり、同一のものである「風林火山の旗」と「孫子の旗」を別物のように紹介するなど、全体的に注意散漫という印象である。北村建信の説を否定する際の論証も、北村に失礼ではないかと思われるほど、雑だった。広範に読まれたために、戦後における信玄像のスタンダードとなったのは間違いないが、磯貝が推戴するように「戦後の信玄研究の最高峰」だとは思わない。

しかしながら、本稿の主旨にとっては、磯貝がはっきりと述べているのはありがたいことである。「市川文書」が発見された後も、磯貝にとっての信玄研究の最高峰は奥野の研究だった。田中以来の偽書説に立つ奥野の研究を是認する磯貝は、『甲陽軍鑑』の史料的価値を認めていないし、「市川文書」発見後も見直してはいない。磯貝は『定本武田信玄』の中で、『甲陽軍鑑』の記述には誤りが多いと繰り返し指摘し、その具体例を挙げている。大半は年号の誤謬である。渡辺や有馬によって根拠が崩されながらも、結論部分だけは強固に信奉されている田中の説、張りぼて化している偽書説を、懸命に補強するかのようである。

ここで偽書説の根拠について今一度整理しておきたい。もともと田中が指摘した根拠は次の七点だった。

(1) 天文十年に信虎が民心を失い、国を治めることができなくなったため、晴信はやむを得ず信虎を駿河に送り、今川義元に托した。これは信虎も承諾していたことである。これらは信虎と義元の書簡や『妙法寺記』、諏訪神社の記録から明らかである。

（2）しかし『甲陽軍鑑』はこの出来事を天文七年とし、晴信が信虎を追放したとしている。

晴信が村上義清を破って信濃北部を領有したのが天文二十二年であることは『妙法寺記』『二木寿斎記』により詳らかになっている。

（3）しかし『甲陽軍鑑』はこれを天文十四年としている。

晴信が小笠原長時を破って信濃南部を領有したのが天文十八年であることは『二木寿斎記』『小笠原歴代記』に書いてある。

（4）『甲陽軍鑑』は天文二十二年としている。

『甲陽軍鑑』によれば、晴信が剃髪して信玄と名乗るようになったのは天文二十年二月である。しかし永禄元年閏六月十日までの文書には晴信とあり、永禄二年十一月の文書から信玄と書いてある。このことから晴信が信玄となったのは永禄初年である。また、信玄の晩年に書かれた肖像画には僅かながら髪がある。剃髪は死の二、三年前ではないか。

（5）『甲陽軍鑑』には、信玄の遺体を諏訪湖に沈めたと書いてある。

しかし信玄の墓は甲斐の恵林寺にある。

（6）大内氏の滅亡は天文二十年である。

しかし『甲陽軍鑑』の中で山本勘介は天文十六年と言っている。

（7）松永久秀が亡ぶのは天文五年である。

『甲陽軍鑑』の中で高坂弾正は天正三年と言っている。

このうち⑴と⑷は戦前のうちに渡辺が否定し、⑸については有馬の指摘で田中が史料を読み間違っていたことが明らかになった。したがって残っているのは全て年号の誤謬である。

この状況で「市川文書」が発見され、偽書説の後継者である奥野の、勘助は伝説の人物、とする説が砕かれた。同時に、勘助を山県昌景の一部卒とする田中の説も成立しなくなった。

「市川文書」が発見されるまで、山本勘助は『甲陽軍鑑』での活躍に反して確かな史料がない人物であった。「市川文書」発見後は、別の見方が可能になる。

後世の人間にとって史料上確認が困難な勘助について詳述している以上、『甲陽軍鑑』は同時代史料の可能性があるのではないか、という見方である。しかしこれは、『甲陽軍鑑』の史料的価値を根本から見直す発想である。田中の偽書説を否定しようとするものであり、中世史の研究者にとっては危険思想である。

しかし史料的状況が変化したにもかかわらず、研究方針を全く変えないというのは、史料に基づいて議論する歴史学の研究者にとっては、自己否定にも繋がりかねない怠慢である。

こうした状況下で、武田氏を扱う研究者たちは、史料的状況の変化への対応と、田中説の死守という、本来両立しない二つを実現させるため、繊細な舵取りを迫られるようになった。

例えば、柴辻俊六は、「戦国大名武田氏の海賊衆」（『信濃』二四巻九号、一九七二年）の冒頭で次のように述べている。

最近、『甲陽軍鑑』の史料的価値の再評価に関する論著が目立ってきているように思う。明治二十四年に田中義成氏によって、偽書説が出されてより、すでに半世紀以上にもなる。とはいえ、おもに甲州流兵法の研究に造詣の深い有馬成甫氏などは、早くから同書の信憑性を高く評価していた。その要旨は「甲陽軍鑑と甲州流兵法」に詳しく述べられているが、私もほぼその考えに賛同するものであり、とくに氏のいう『甲陽軍鑑』を熟読せよとの提言は重みをもっていると思う。ここでは直接この問題を論ずるわけではないが、同書を少しばかり熟読し、その史実を、目下調査中の「甲斐武田家文書集」で集めえた古文書などとの比較によって、ある程度確認できたので、その旨の報告をして同書の再認識とともに、今後の活用を促したいと思う。ただ従来より指摘されているように、若干の年時や事実関係についての誤記も多いので、その点は注意を要するが、その詳しい報告は後日を期したいと思う。

「『甲陽軍鑑』の史料的価値の再評価に関する論著」とは、柴辻が振った注によれば、本稿でも既に紹介した小林の「甲陽軍鑑の武田家臣団編成表について――「武田法性院信玄公御代惣人数之事」の検討」である。戦前に渡辺が史料的価値を認めた箇所について、他の史料と比較することで裏を取った論文である。

要するに柴辻は、同じ事を『甲陽軍鑑』の海賊衆に関わる記述についてやると宣言しているのである。

もう結論は了解されたと思う。全体としては偽書だけど、今回取り上げた部分は気をつければ使えるよ、という結論である。

柴辻の言う「同書の再認識とともに、今後の活用を促したい」とは、偽書説を再検討して『甲陽軍鑑』の史料的価値を論じ直そうという問題提起ではない。並行史料で裏が取れる部分については使っていこうと呼びかけているのであり、戦前に渡辺が到達していた地点から一ミリの進歩もない。

しかし同時代の他の研究者と比べれば、論文の冒頭でこうした呼びかけをしただけでも勇敢だったと評価すべきなのだろう。

有馬の研究に同意する旨を表明している点で、軍事史家に冷淡な一般の中世史家とは異なる印象を持つ読者もいるかもしれない。

柴辻は偽書説をどうしたかったのだろうか。

後にこの論文は、小林の論文とともに戦国大名論集『武田氏の研究』に収載される。編者は柴辻である。巻末の文献一覧には研究論文・著書のリストがあり、武田氏に関わる論文や著書が発表順に並べられている。刊行された昭和五十九年以降、学生が先行研究を探すのに重宝したことであろう。

後進の研究がはかどることを願う柴辻の優しさが感じられる。

リストは詳細である。私家版の研究書や、地方大学の紀要に載った論文まで丁寧に拾い、奥野が『武田信玄』の中でぞんざいに扱った北村建信の研究も示されている。ところがである。田中や渡辺の名前が並ぶ明治・大正から始まり、奥野や小林の名前が見える戦後の辺りに差し掛かると、思わずリストをさかのぼってしまう。

有馬の論文がないのだ。有馬に反論した奥野や小林の論文は載っているのに、論争のきっかけとなった有馬の論文はリストにないのである。この論文に限らず、そもそも有馬成甫の名前がどこにもない。まるで武田氏の研究史上から彼一人が削除されてしまったかのようである。後進たちが間違っても偽書説に反旗を翻すことがないように取り計らう、柴辻の丁寧な仕事ぶりが想像される。

いや、これは誤解を招く書き方だったかもしれない。故意に外したかどうか、定かではないのだ。偶然にも、有馬成甫の論文を一つ残らず見落としただけかもしれない。引用部分からもわかるように、柴辻は有馬の論文を知っている。それでもリストを作る際、さらには点検する際、見落としてしまった可能性がないとは言えない。もしかしたら編者として名前を貸しただけで、リストの作成や点検は別人が行ったのかもしれない。その者が、有馬へ反論する奥野や小林の論文は拾う一方で、有馬の論文だけを見落としたのかもしれない。

可能性を指摘すればきりがない。事実だけを見れば、柴辻俊六が編者となった『武田氏の研究』巻末の文献リストでは、明治以降の武田氏にまつわる研究史上に、有馬成甫という研究者はいなかったことになっている。

つまりこのリストを見る限り、田中の偽書説に異を唱えた者はいないことになる。これを頼りに先行研究を集めた場合、田中の偽書説は批判されることなく支持されてきた揺るぎない定説だと思い込むだろう。意図したかどうかは別にして、柴辻は偽書説を守ることに大きく貢献したと評価できる。

柴辻の『甲陽軍鑑』に対する姿勢は、「市川文書」発見以前の中世史家と変化ない。基本的には偽書とした上で、他の史料で裏が取れる箇所があると指摘し、全ての記述がでたらめなのではないと述べる。

これは戦前の渡辺の到達点である。さらに言えば、田中の「甲陽軍鑑考」ですら「間々実説ト認ルモノアリ」と述べている。これら明治・大正の研究成果に乗っかり、それらの確認作業をしたのが小林や柴辻の論文である。そしてこれが、日本中世史研究における『甲陽軍鑑』利用の限界であった。「市川文書」発見後においても、『甲陽軍鑑』は偽書として扱われた。他の史料で確実性を担保できた場合のみ、その箇所に限って用いることが許されるのであって、極めて限定的、抑制的な利用に終始した。

であるから、『甲陽軍鑑』の史料的価値を抜本的に見直そうとする議論は生じなかったし、無論、田中の「甲陽軍鑑考」を再検討しようとする研究者も現れなかった。それどころか、相当に根拠を崩されている田中の「甲陽軍鑑考」について、強く支持する言説が根強かった。例えば、奥野高広である。渡辺世祐の『武田信玄の経綸と修養』(前掲書)が昭和四十六年に再刊された際の解説文から引用する。

> 武田信玄がこんなにいわば大衆的な人気がある秘密は何んだろうか。この鍵を解くために、江戸時代から伝記などの研究があり、それは汗牛充棟、枚挙にいとまがないほどである。
>
> そのはじめが『甲陽軍鑑』であることは、知らぬ人はないであろう。だが、これは明治二十四年一月の「史学会雑誌」において、田中義成博士がその史料的価値に批判を加えており、今日でもその大綱は動かない。山本勘助の問題など、近く市河藤若宛信玄書状が発見されているが、これ

は疑わしく、田中先生の説は影響を受けないと思う。だがしかし、小林計一郎氏らによって『甲陽軍鑑』の史料的価値が再認識されてきたことも事実である。

この文章は奥野の文章である。しかし渡辺の著作に付けられた解説であるから、論文ではない。論文ではない文章で、これを言わなければならなかった時点で、奥野は敗北していたと思う。

この文章からは、奥野の本音がよくわかる。「市川文書」を認めたくないのである。この史料のせいで、山本勘助が実在したことは疑いようのない事実となり、したがって奥野の説は完全に否定されてしまったのである。さらには、小林の研究のために、武田家中における勘助の地位が相当に高かったことも判明し、田中の説も成立しなくなってしまったのである。それが嫌でしょうがないのである。

奥野は「市川文書」について、疑わしいと言っている。どういう意味だろうか。研究上の手順を踏んで偽文書だと論じ得たならば、奥野は当然そうしただろう。それができなかったから、疑わしい、と自分の気持ちを述べたのだ。疑わしいと思いたい、みんなにもそう思ってもらいたい、というのが、偽らざる奥野の気持ちだったろう。

こういう文章、学術的には何も言っていない、研究上全く無価値な、理屈を放棄して感情に訴えるような文章を、他人の著作の解説に混ぜ込むことしかできなかった奥野は、完全な敗者である。

有馬との論戦では苦しいながらも論文で反撃を試みた。今回はそれができなかった。

奥野にとどめを刺したのは他の研究者ではなく、市河藤若に宛てた晴信の書状、すなわちたった一点の史料である。このたった一点の史料と向き合うことが、奥野には難しかった。

ここに紹介した奥野の気持ちは、なにも奥野一人だけのものではない。偽書説に立つ研究者全員に共通したものである。「市川文書」発見後も、これを積極的に活用して偽書説を疑った研究者はほとんどいない。

唯一、上野晴郎の『山本勘助』（新人物往来社、一九八五年）が、「市川文書」の発見を受けて偽書説に挑んだ研究だったが、結果を先に言ってしまえば、不発に終わった。

その主たる原因は、上野が『甲陽軍鑑』に試みた史料批判が、かつて有馬成甫が「甲陽軍鑑論」や「甲陽軍鑑と甲州流兵法」で示したものと比べて、ほとんど進歩・強化されていなかった、むしろ弱体化してしまっていた点にある。

もう一つ、上野が指摘した『甲陽軍鑑』の史料的性格と、その上で上野がやろうとした研究内容が、どうもしっくりと嚙み合っていなかった点も、その試みが成功しなかった原因だろうと思う。

上野は『甲陽軍鑑』の史料的性格を次のように述べている。

この書の真の狙いは、あくまで武田信玄の王道哲学の具現にあり、乱れた戦国を統一しようとはかった信玄の経綸と、その踏んでいく道のことが中心に描かれている、いわゆる歎異の書なのである。

その骨子は、思想・哲学が中心で、軍法を説くのにも、事実関係を度外視して、あくまで心証的なものを優先させている。

（『山本勘助』二六頁）

このような史料であるから、古文書と同じ感覚で『甲陽軍鑑』を眺めるべきではないと論じ、従来の研究姿勢は改める必要があるとする。その上野が『山本勘助』で試みたものとは何か。上野自身は次のように述べている。

だが、ともかく本書の狙いはあくまで『甲陽軍鑑』に描かれる勘助像が、多彩なレトリックをもちながらも、歴史上の事実として存在し、戦国の時代を生きていたことを証明したかったのであり、いわば悲願であったことを結びとして訴えておきたい。（二五〇頁）

これは大枠で言えば、『甲陽軍鑑』の一部分について他の史料で裏を取ろうとする試みで、つまりは先に紹介した小林や柴辻の研究と同質のものである。であるから、上野の研究成果がどのように受け止められ得るか、その上限値を推測するに、おおよそ、小林や柴辻の論文への評価と同等だろうと見当がつく。

したがって、先行する二者の研究が偽書説を覆し得なかったのと同様に、上野の研究も『甲陽軍鑑』の史料論を論じ直すには至らないだろうと、最初から目星がつく。

その上、上野は彼自身が著書の中で述べているように、史料的制約が厳しくかかった対象を扱わなければならない。一等史料、つまり奥野のような理屈の外へ去ってしまった者を除けば誰もが認める史料、これは山本勘助に関しては「市川文書」しかないのである。その勘助について、どのような史料的根拠を示して史実と『甲陽軍鑑』を結びつけるのか、有効な方法を編み出し、その方法の妥当性を論じるところから上野は開始する必要があったのである。

研究目的のために研究方法を開発することは、研究の醍醐味であろうし、研究者に課せられた重要な使命の一つであろうが、それを成し遂げることは極めて困難であり、だからこそ多くの研究者が既存の方法の範疇で身を寄せ合うのである。

大雑把に説明すると、上野は考古学が扱うような史跡やモノ、民俗学が扱うようなオーラルヒストリー、これらを文献史料と組み合わせる方法をとった。合戦の記述については現地に踏み入り、史料の記述と実際の地形とを考慮に入れて詳細の復元を試みている。

筆者個人の感想としては面白い本なのだが、著者である上野自身があとがきで「歯切れの悪い言い回しのところも多くなってしまった」と弁解しているように、論証という点で吟味されると、新たな挑戦をしているぶん、隙のある本でもあった。

田中の偽書説を覆し、『甲陽軍鑑』の史料的価値を論じ直す地点までは到達できなかったのである。

少し脱線したい。

上野は『甲陽軍鑑』の中核を、思想・哲学だと理解した。であれば、記述と史実をつなぐ証拠を集めるのではなく、『甲陽軍鑑』の思想や哲学を論じ、その大系の中で勘助がどのような役割を果たしているのかを探究すればよかったのではないだろうか。それを論じる過程で、明白な史実の歪曲が確認されるのであれば、そのような歪曲を必要とした思想の体系をより深く論じ得たのではないだろうか。

かつて有馬成甫は「甲陽軍鑑論」で、『甲陽軍鑑』を次のような史料だと論じた。

『甲陽軍鑑』は、戦国時代に武田信玄（一五二一―七三）の部将であった高坂弾正虎綱（または昌信）（一五二七―七八）の筆になったもの（助手春日惣二郎および大蔵彦十郎の加筆もあるが）で、時代的に見ても珍しい著書であるのみならず、その内容においても珍重すべき幾多の記事が豊富に盛られており、また、その記述は、フィクション的な粉飾がなく、更に、文学的な作為もなく、批判的精神をもって卒直な筆を振って書かれている点において、感銘深いものがある。また彼が信頼敬仰していた武田信玄の伝記的雑記においても、その偉大な将帥としての人格を描出すると共に、人間的な弱点と欠点とをも忌憚なく述べている点に、真率と価値とを感ずるものである。そのほか、信玄時代における政治・法度（法律）・公事（裁判）・統帥・志風・信仰・戦闘・軍法等に関する見聞記は、戦国時代における日本精神史・武士道史・兵法史等に対する豊富な資料を提供するものである点において、中世における我国社会史の貴重なまた稀観の史料といわなければならない。

この有馬の『甲陽軍鑑』理解と、上野が『山本勘助』で示したそれとを、同質と見るか否か、意見は割れると思う。筆者は、別個のものだと考えている。

上野の理解は、『甲陽軍鑑』そのものに思想・哲学の書としての性格があるという理解であろう。思想・哲学を受容する姿勢で読まなければ『甲陽軍鑑』の本来の価値を理解できないという立場から、従来の古文書を扱うような方法への反省を表明している。

有馬も、一見すると同様のことを述べているようにも見えるのだが、上野と違い、『甲陽軍鑑』の記述が、「戦国時代における日本精神史・武士道史・兵法史」などへの資料を提供するという言い方をしている。つまり、思想や哲学については、『甲陽軍鑑』を読む側の人間が抽出すべきものだと述べているのである。思想や哲学を引き出し得る史料ではあるが、本来の性格は思想・哲学の書ではないというのが有馬の『甲陽軍鑑』理解なのだと思う。

有馬は主に兵法史に収斂させて抽出作業をし、甲州流兵法の研究に取り組んだ。自身の『甲陽軍鑑』理解と合致する研究方法を用いたと言っていい。

上野は『甲陽軍鑑』の骨子は思想・哲学だとしながらも、採用した研究方法は史料の記述の裏取り作業であり、思想や哲学に正面から取り組んだとは言いがたい。自身の『甲陽軍鑑』理解の正しさを示したとは言えないだろう。

歴史学の史料として、『甲陽軍鑑』をどのように扱うのか。この点においては、上野も他の中世史家と同様だった。他の史料で裏が取れる箇所に限って史実と認める姿勢である。あるいは上野の意識としては、史実と認めさせるために裏取りをしたのかもしれない。史料的価値が全否定されていることを前提に、何とか部分否定に持ち込み、その真偽の割合に関して、真の領域を拡張しようとしたようにも見える。ただ、記述の裏取り作業の場合、その作業の性質として、史料の扱いは、思想や哲学ではなく、形而下の事象の典拠としての利用に制限されてしまう。歴史学が思想や哲学を論じてはならないなどというきまりはないのであるが、多くの歴史学者が納得できる範囲に着地するためには、もっぱら形而上の問題を論じるのは得策ではないのである。

自身が抱いた『甲陽軍鑑』理解と、歴史学の性質との間で、上野はもがいたはずである。先に述べたように、上野の試みは不発に終わった。

『甲陽軍鑑』という史料を歴史学で扱おうとした場合の困難さ、最初にそれに直面したのは、上野だったのかもしれない。

第五章　名誉回復の兆し
——もう一つの桶狭間——

新世紀前夜、二〇〇〇年に出版された笹本正治の『戦国大名の日常生活——信虎・信玄・勝頼』（講談社選書メチエ）は、『甲陽軍鑑』の成立を元和年間頃としている。江戸時代初期の成立という考えであり、田中以来の偽書説に拠っているのが窺える。「市川文書」によって実在したことが明らかになった山本勘助については、

勘助の存在は史料的に証明されているとはいえず、私は『甲陽軍鑑』に見えるような勘助は存在しなかったと考えるが、彼の記載は有能な家臣を信玄が手に入れようとしていたことを伝えていよう。（三一—三二頁）

このように述べている。信玄が有能な家臣を欲したことを書くために、江戸初期に小幡景憲が、存在しない山本勘助を創作したという主旨であろうか。ここに引用した文章の側には山本勘助の人物画

の写真があるのだが、その下には「伝説の軍師、山本勘助（後代の想像画）」とわざわざ注記している。田中説の継承者である奥野と同様の立場だったと推測されるが、笹本はこの本の中で『甲陽軍鑑』がどのような史料なのか、信頼できるのかできないのか、使えるのか使えないのか、はっきりと述べていない。

一方で文中には「『甲陽軍鑑』によれば」と繰り返し繰り返し出てくる。笹本の著書はその題名の通り、信虎や信玄、勝頼の日常生活を描こうとするものだが、そうした場合、最も潤沢な情報源は『甲陽軍鑑』である。そのため『甲陽軍鑑』の記事を大量に用いるのだが、『甲陽軍鑑』の史料的価値についてはは言及しない。『甲陽軍鑑』に、信玄の生活にまつわる記事は多い。勝頼についても『甲陽軍鑑』内に「勝頼記」がある。ところが信虎の生活がどのようなものであったかを示すような記述はない。そのため、笹本の著書も、題名には信虎の名前があるが、内容としては信虎はほとんど放置されている。笹本の著述が『甲陽軍鑑』なしには絶対に完了できなかった証である。『甲陽軍鑑』を頼みの綱に一冊書くのであれば、その史料的価値について立場を鮮明にすべきではないだろうか。

笹本は著作の二五三頁以降に「註」を並べている。それを見る限り、さも自治体史収載の古文書や古記録に依拠して書かれた本であるかのようであるが、であるならば、それらを用いて信虎の日常生活を再現してみせるべきである。書けもしないのにタイトルに信虎の名を入れているのはなぜだろうか。『甲陽軍鑑』に頼らずとも、古文書や古記録だけで戦国大名の日常生活を描けるのだという雰囲気を醸したかったのだろうか。あるいは、史料がなければ書けないのだということを、婉曲に読者に伝えようとする高度な作意があったのだろうか。どちらにせよ、『甲陽軍鑑』は報われない。

史料的価値はないけれども史実と認められる箇所もある、という評価の『甲陽軍鑑』は、研究者に都合のいいように使われる一方で、決して史料的価値を認めてはもらえない、不遇の運命を背負って二十一世紀を迎えたのである。

ここから先は、もっぱら酒井憲二と黒田日出男の研究を紹介することになるので、まずはその大枠について簡単に述べておきたい。

酒井憲二は中世史家ではなく、国語学者である。一九八〇年代以降、国語学の見地から『甲陽軍鑑』にまつわる研究を次々と発表し、一九九四年から九七年にかけて全七巻の『甲陽軍鑑大成』(汲古書院)を完成させた。これにより、『甲陽軍鑑』の最も原本に近いテキストが共有されるようになった。さらに、『甲陽軍鑑』の作者と成立過程について、極めて有力な説が提示されたのである。

しかし国語学者である酒井の研究は、直ちに歴史学者たちに影響を与えることはなかった。日本中世史の世界に酒井の研究を紹介し、『甲陽軍鑑』の史料的価値を見直すべきだと主張したのが黒田日出男である。黒田は二〇〇六年以降、『甲陽軍鑑』の史料的価値を見直すべしという主旨の論文を立て続けに発表し、その成果を『『甲陽軍鑑』の史料論――武田信玄の国家構想』(校倉書房、二〇一五年)にまとめた。今のところ、田中以来の偽書説に真っ向勝負を挑むただ一人の歴史学者であり、『甲陽軍鑑』の再評価と、その先にあるはずの中世史研究の発展は、目下、この黒田の双肩にかかっている。

まずは、酒井によって示された、最も原本に近い『甲陽軍鑑』の概要を紹介する。

全体は、巻一から巻二十の本篇に末書上下巻を加えた全二十三冊である。

巻一は「口書・目録」と「品一」以降の本文、巻二はその続きで、巻三から六が「四君子犛牛巻（しくんしりぎゅうのまき）」である。巻七「品十五之六」からの本文は後半部分が散逸している。巻八が「軍法上巻」、巻九から十三が「合戦之巻」であり、このうち巻十と十一は一冊にまとめられている。巻十四と十五が「石水寺物語」。巻十六が「軍法之巻下」、巻十七と十八は「公事（くじ）之巻」、巻十九と二十が「勝頼記」であり、ここまでが本篇十九冊。これに末書上巻、末書下巻上、末書下巻中、末書下巻下の四冊を加えた全二十三冊が、酒井によって示された最も原本に近い『甲陽軍鑑』である。

右のような構成を明らかにした酒井のテキスト考証であるが、その前に、酒井以前の歴史学におけるテキストの状況から説明したい。

江戸時代に広範に読まれた『甲陽軍鑑』には、版本・写本ともに複数の系統がある。『甲斐国志』によれば、版本だけで十八種の異本が存在した。このうち、明治以降の近代的歴史学が早くから全体像を把握できていたのは、古い順に、明暦二年版、万治二年版、『甲陽軍伝解』（元禄十二年版）である。まず歴史学が用いていたのは、概ね万治二年版であり、磯貝と服部の校注で明暦二年版が刊行されるとこちらを用いるようになった。明暦二年版が現存する最古の版本だったからである。磯貝と服部は校注するにあたり、明暦二年版と『甲陽軍伝解』の異同を明らかにするよう注意を払っている。『甲陽軍伝解』は『甲陽軍鑑』の数ある異本の内、歴史学が早くから全体像を把握できていた三つのうちの一つである。また、明らかに『甲陽軍鑑』に学術的な検討を加える姿勢で作られた版本であり、この点が万治二年版と異なる。

酒井は『甲陽軍鑑』の写本と版本、それぞれの系統を整理している。それによれば、明暦二年版と万治二年版は別系統の版本であり、『甲陽軍伝解』は明暦二年版の系統に連なる異本である。明暦二年版からは、学問的著作としての性格を帯びた『甲陽軍大全』、大衆向けに通俗化された『信玄全集』の二つの系統が派生した。このうち、学問的性格を持った『甲陽軍大全』の系統から『甲陽軍伝解』が出ている。つまり磯貝と服部の校注は、現存最古の明暦二年版と、そこから派生した学問的な系統の異本である『甲陽軍伝解』、両者の異同を明らかにすることで、結果的に、最古の版本を復元すると同時に、『甲陽軍鑑』にまつわる江戸時代の研究成果をフォローすることとなったのである。この明暦二年版『甲陽軍鑑』は、刊行された当時から、酒井の『甲陽軍鑑大成』が世に出るまでの間、間違いなく最良の『甲陽軍鑑』テキストだった。

酒井は版本と写本、それぞれの系統について整理し、最も原本に近いのは版本の系統ではなく、写本の方だと突き止めた。そして写本の中から最も原本に近いと思われるものを特定した。さらに写本の系統には確認できるのに、版本の系統には確認できない、できる場合でも一部分しかない、末書四冊の全容を明らかにし、この部分も含めて『甲陽軍鑑』だとした。文字や表記の異同に止まらず、内容自体が大幅に追加されたのである。

これにより、『甲陽軍鑑』の最良のテキストは酒井の『甲陽軍鑑大成』となった。最も原本に近い『甲陽軍鑑』の姿が示され、共有されることとなったのである。

『甲陽軍鑑』の成立について、酒井は次のような説を提唱した。

作者は高坂弾正と大蔵彦十郎である。高坂弾正は信玄の側近。大蔵彦十郎は元々は猿楽者だったが、芸が拙かったために槍働きを望み、高坂弾正の配下となった。しかし戦で負傷してそれもできなくなってしまう。文筆の才覚があったため家臣に留まり、弾正の側に置かれた。文体から口述筆記だと判断できる箇所があり、その部分は弾正が話したものを大蔵彦十郎が筆記したと考えられる。天正六（一五七八）年に弾正が没した後は、甥の春日惣次郎が書き継いだ。惣次郎の絶筆は天正十三年で、ここまでが本来の原本である。その原本は小幡下野守に渡った。その後、小幡下野守・外記（げき）孫八郎・西条治部の三人の名前で家康にまつわる内容を書き足しており、これが天正十四年。これで最終成立する。この本は小幡下野守から小幡景憲に渡ったが、傷みが激しかったため、景憲は写本を作成した。

これが酒井の提示した『甲陽軍鑑』の成立過程である。これによると作者は高坂弾正、その補佐を大蔵彦十郎が務める体制で執筆が開始され、弾正の死後は春日惣次郎が書き継いだ。それに小幡下野守らがわずかに書き足して原本が完成したのが天正十四年である。小幡景憲は写本の制作者であり、『甲陽軍鑑』の作者や編者ではない。つまり酒井は、『甲陽軍鑑』は信玄側近の高坂弾正を作者とする、同時代史料だとしたのである。

これは田中の説とは全く異なる成立過程、史料的評価である。田中は小幡景憲が綴輯（てっしゅう）したとし、それ以来、歴史学の研究者は小幡景憲が作者だという立場を採り続けた。江戸時代に景憲が作った、いい加減な内容の偽書なのだが、何らかの理由で（田中説では「高坂ノ遺記」、小林説では幕臣となった武田の遺臣から集めた史料）、史実と認められる記述が混ざっているというのが歴史学者に共通した『甲陽軍鑑』理解だった。『甲陽軍鑑』を偽書・悪書と断じるのと対になって、景憲についてもいい加減な人物、高柳風に言えば「山勘な男」と低く見るのが常であった。

酒井は、小幡景憲が写本を作成した際の姿勢について、その誠実性を指摘している。根拠は『甲陽軍鑑』文中に百九十箇所以上もある「切れて見えず」という注記である。推測可能な箇所についても補って書くことをせず、原本を忠実に写そうとした点を指摘し、謹直な態度、敬虔真摯な心構えで写本を作成したとする。「残るをまとめて」「よく見て本のごとく」「小身の愚人」が「謹んでこれを記す」という識語から伝わるのは、『甲陽軍鑑』の原本とその著者に対する尊崇の念でこそあれ、偽撰者の欺瞞などではないとする。

また酒井は、景憲が『甲陽軍鑑』の写本を作成する際、本来は九品一冊だった体裁を、取り扱いの便宜上、九品九冊に分冊したことについてわざわざ断りを書き加えている点も指摘している。「切れて見えず」の注記と併せて考えるに、景憲は傷みの激しい原本を一字でも多く正確に写し留めようとしただけでなく、可能な限り原本の姿のまま伝写しようと心を砕いていたのであり、このような姿勢こそ『甲陽軍鑑』の説く「よき武士」の「作法・こゝろ」に通じるもので、だからこそ景憲は『甲陽軍鑑』を源泉に甲州流兵学を確立し得たし、その兵学は他流の追随を許さぬ興隆に至ったのだと論じている。

酒井説に見える小幡景憲は、歴史学者の論じるそれとは全く別の精神を宿している。自身の兵学の教典とするため、高坂弾正を騙って偽書をでっち上げるような下品な姿は、微塵も垣間見えない。酒井は次のように書いている。

……景憲による偽作説若しくは仮託説は、為にする『甲陽軍鑑弁疑』等の妄説にのみ引かれて、軍鑑そのものを調査・熟読しない浮説と断ずべきもののごとくである。

（『甲陽軍鑑大成』研究篇、二〇頁）

『甲陽軍鑑弁疑』とは、宝永三（一七〇六）年に著された作者不明の書物で、その内容は、根拠を一切示さぬまま『甲陽軍鑑』を悪し様に罵倒するものである。酒井がこの書物の名前を出したのは、『甲陽軍鑑弁疑』が『甲陽軍鑑』を否定的に書いているだけでなく、『甲陽軍鑑』の作者を小幡景憲としているからだろう。『甲陽軍鑑』を否定的に評価する、作者を小幡景憲とする、この点が田中の「甲陽軍鑑考」と共通することから、かつて有馬成甫は、この『甲陽軍鑑弁疑』を論文内で取り上げている（「甲陽軍鑑論」『軍事史学』一一号、一九六七年）。謙信流軍法を学んだ者が甲州流兵学を誹謗し、『甲陽軍鑑』を詐偽の書だと喧伝した例を挙げ、根拠を示さずに誹謗中傷の限りを尽くす『甲陽軍鑑弁疑』についても、これもまた他流兵法者の感情的な誹謗だろうとし、次のように述べている。

なんらの確證もないのに「邪深ク正浅ク」などと言ったり、または「虚多ク実少シ」などと無責任極まる言を吐いたりして、匿名を以てその責任を免れんとするのは、まさにそのような卑劣漢であろうと思わるる。（同）

有馬は、この卑劣漢の同類として、やはり作者不明で『甲陽軍鑑』を景憲の作とする『小幡景憲伝』を挙げる。さらには田中の「甲陽軍鑑考」が、これら江戸時代の怪文書と大差ない内容だと批判するのだが、酒井の論旨は田中説への攻撃ではなく、景憲の写本に対する信頼度の高さへと向かう。

酒井は写本の作られ方に着目し、景憲の誠実性を論じた。原本そのままに写そうと努める謹直な態度、「よき武士」の「作法・こゝろ」に通じる敬虔真摯な姿勢で作られた写本であるから、景憲による改竄などは考えにくく、仮に加筆や潤色があったとしても最低限度に止められたはずであり、書誌の性格や史料的価値を動かすような大きな改編はなかったとするのである。

脱線になるが田中の名誉のために言っておくと、田中は自身の名前で論文を出し、年号の誤謬を中心に七つの根拠を示して偽書だと論じている。その論旨は確かに『甲陽軍鑑弁疑』や『小幡景憲伝』と似通っており、「甲陽軍鑑考」で田中が引用している『景憲伝』は、文面からして有馬の挙げた『小幡景憲伝』と同一の史料だと思われるが、卑劣漢と同じことを言ったり、卑劣漢の文章を引用しただけであり、田中自身が卑劣な振舞いをしたわけではない。この点は誤解がないようにしておきたい。

末書を含めて『甲陽軍鑑』である、という説も酒井によって提唱された。そもそも、酒井のテキスト考証によって初めて末書四冊の全容が明らかになった。明暦二年版の版本を底本としていた歴史学にとっては、新たな学説が出たという以上に、史料的状況の大変化であった。

右、甲陽軍鑑惣合（そうあわせて）二十三冊之内、十九冊ハ信玄公御家の作法・様子・正義、又ハ諸国の弓矢勝利、あるひハおくれ、或ハ正義・邪義のさかへ・おとろえ、あらかたを書ス。末書四冊ハ又、右十九冊のたらざるところ、あるひハ不念にかきたる所、就中（なかんずく）、信玄公御弓矢の作法くわしく書。さて又、備立（そなえだて）是にて心付候へとの儀也。敵あひ・地形難レ計候へバ、此書付たる事にて軍すると云儀にてハなし。たゞ如レ此（かくのごとく）［之］作法こゝろを取ての儀也。仍如レ件（よってくだんのごとし）。（末書下巻上）

とあるように、末書四冊は本篇十九冊の補遺である。下巻中の末尾第八の二に、

春日惣次郎、高坂弾正在世のごとく書つぎ申候事。

下巻下第九の末尾七に、

右是より末ハ、春日惣次郎、弾正在世のごとく書つぎ申候。

とあり、一部分は高坂弾正ではなく甥の春日惣次郎が書き継いだことがわかる。書き継ぎ部分は、酒井の計測では全体の約四パーセントである。それ以外の部分は「是までハ高坂弾正在世の時かゝせ置候也」（下巻中二）とあるように、高坂弾正在世中に書かれている。こうした状況から酒井は、

いうまでもなく、「知的内容の責任者」としての著者は高坂弾正である。合戦之巻・公事之巻など、本篇の主たる部分が出来た後ごろから、並行して末書も書き続けられたものであろう。その意味でも末書は、本篇と一体のものとして対象化されなければなるまい。

（『甲陽軍鑑大成』本文篇下、二六四頁）

このように述べ、末書も含めて『甲陽軍鑑』である点、そして末書の著者が本篇と同様に高坂弾正である点を指摘している。

末書も含めた『甲陽軍鑑』、酒井の『甲陽軍鑑大成』が最良のテキストである点については異論のないところであるが、最良のテキストが定まるのと、史料的価値が見直されるのとは全く別の話である。

酒井は『甲陽軍鑑』の作者を高坂弾正とし、小幡景憲は写本の制作者だとする。

田中の「甲陽軍鑑考」以来、歴史学では、高坂弾正を騙った小幡景憲を作者とする。

酒井は『甲陽軍鑑』を戦国時代から書かれ始めた同時代史料だとする。

歴史学では江戸初期に成立した偽書だとする。

両説は全く別の結論を主張している。

酒井の研究は国語学のものであるために、歴史学の研究者にはその妥当性の高低が、肌で感じるようにはわからない。というのは、国語学の研究成果について検討を加えるためのノウハウが歴史学にはない。そしておそらく、歴史学の研究成果を吟味するノウハウは、国語学にはないと思われる。つまり、どちらの専門領域でも議論ができない。

したがって、広義に文献を扱う学問としての説得力を比較するしかないのだが、不幸中の幸いにして、今回は『甲陽軍鑑』という同一の史料について、作者・成立過程・史料的価値、全てについて異なる結論が主張されている。

酒井の指摘する根拠を丁寧に検討していけば、田中以来の偽書説と比較して、どちらがより妥当性を有すのかは判断可能かもしれない。

そこで、田中以来の歴史学と酒井が、それぞれどのような根拠を示しているのかを見ていきたい。

作者について、田中は小幡景憲とした。以後、歴史学ではこれを踏襲している。田中が『甲陽軍鑑』の作者を景憲とした根拠は、まず『景憲伝』の記述である。次に、景憲の自記である『道牛事歴』と『甲陽軍鑑』の文体が一致する点を挙げている。

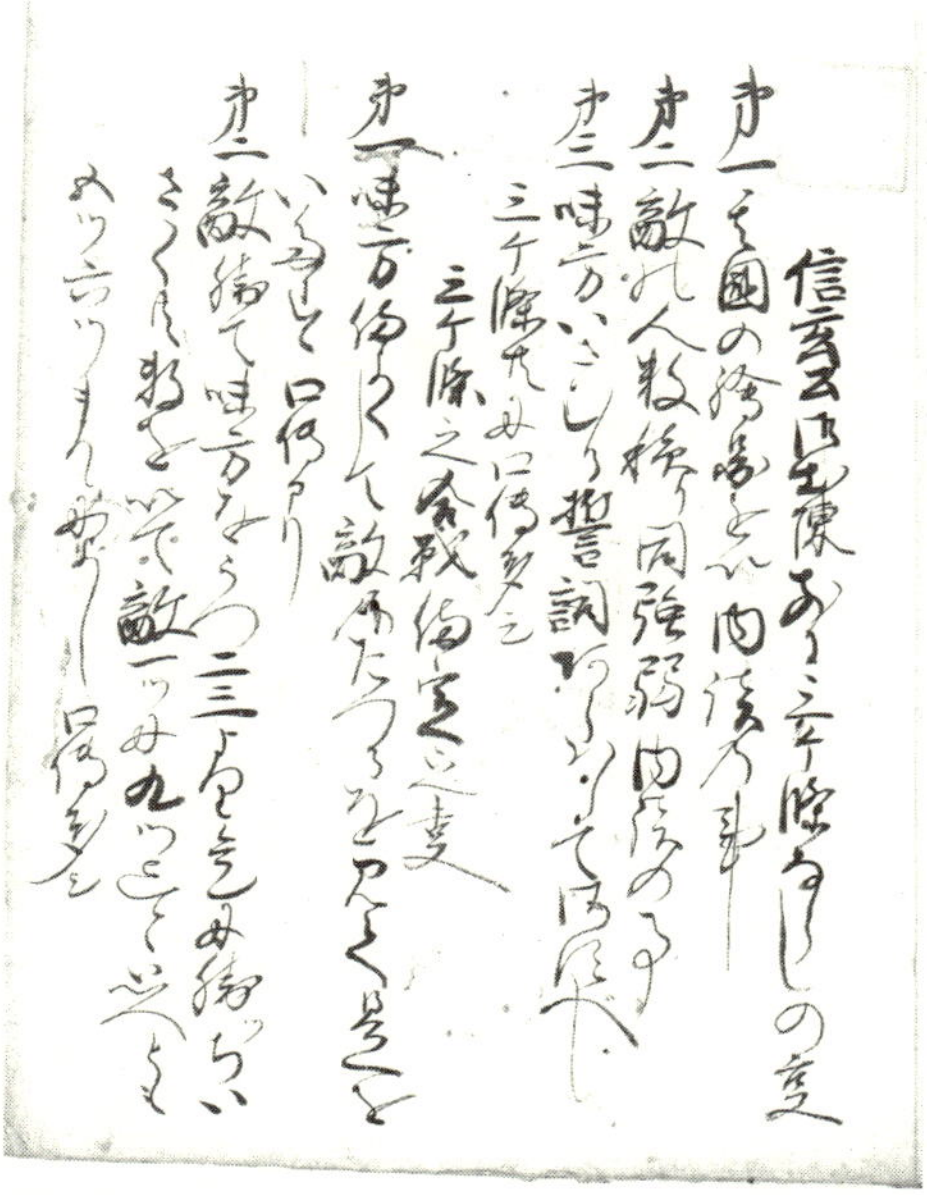

『甲陽軍鑑』巻十六，軍法の巻下（著者所蔵）．

田中の用いた『景憲伝』は、引用の文面が一致することから、有馬の言う『小幡景憲伝』と同一の史料だと思われる。これは故意に作者を不明にしている書であり、有馬風に言えば、匿名希望の卑劣漢による誹謗に過ぎない。景憲が信玄・勝頼二代にわたって仕えていたと記すなど、内容も信憑性に乏しい。信玄が没した年、景憲は一歳である。長篠合戦時に四歳、甲州崩れの時に十一歳である。無論、景憲は信玄にも勝頼にも仕えていない。このような史料を根拠にしている限り、説得力はないと思われるのだが、歴史学の研究者は『景憲伝』については言及せず、田中の説を支持する体裁で景憲を作者と考えてきた。

『道牛事歴』と『甲陽軍鑑』の文体が一致するという指摘については、黒田日出男が実際に文体比較を行っている。それによれば、両者の文体は明瞭に異なるようである。

酒井も『甲陽軍鑑』の文体を検討している。それによればまず、口述筆記と思われる箇所、通常の著述と思われる箇所がある。口述筆記との推定は、時に話線のねじれる息の長い一センテンス文を含む点、話し言葉が用いられている点、重言的または畳みかけ的な同類語重複表現の多用、これらを理由とする。また酒井は、言語の時代比定を行っている。『日葡辞書』などとの照合により、『甲陽軍鑑』の言語は室町時代の言語層に比定されるとした。さらには訛り言葉や俗語を含んでいる点を指摘し、中世末期の人間でなければ操れない言語であることを明らかにした。こうした言語で書かれている以上、元亀（げんき）から天正へ変わる頃に生まれた景憲を作者とするのは無理があるとし、高坂弾正が作者だと論じている。

言語層が違うから著述不可能だという説明は、国語学者同士ならば瞬間的に了解されるのだろうが、門外漢にとっては、納得できるようであり、腑に落ちないようでもある。我々は戦前の文章を読んで意味を取ることができるし、江戸時代のものについても、辞書などの助けがあれば理解することができる。戦国時代のものでさえ、訓練すれば読み解くことができる。本稿で紹介してきた歴史学者はみな、戦国時代の言語を読んで理解しているのである。古代史家ともなると、当然ながら古代や中世初頭の史料を読む。「正倉院文書」の紙背文書であるとか、漆紙文書（うるしがみもんじょ）であるとか、一瞥しただけで「無理」

と思われるようなものでも、彼らはどうにかして意味を取るのである。何時代のものであれ、要するに日本語であり、現代日本語を習得していれば、それを足掛かりに、何とか取り付くことが可能なのである。

ところが、書けと言われると途端に苦しくなる。書状の単語を入れ替えたり、決まり文句を組み合わせてそれらしく作ることは、さほど難しくないだろう。しかし一から作文して本を一冊書き上げろと言われたら、実行できる人間はいないだろう。平成生まれの人間が、戦前のことを、戦前の言語を用いて本にまとめられるかどうか、想像してみる。時に話し言葉を用い、当時の俗語や、ある地域の訛りも再現して、書き切れるだろうか。多分無理である。学力や筆力の問題ではなく、土台、無理なのである。

酒井が論じたのは、この無理さ加減である。国語学者の酒井には『甲陽軍鑑』の言語を時代比定することができ、かつ時代のずれた言語層で著述活動をすることの不可能さが了解されたのである。門外漢には酒井の説を国語学の作法で吟味することはできないが、右に挙げた平成生まれ云々の譬えのように、感覚の及ぶ範囲で具体的な例を想像して考えれば、酒井説の説得力は想像し得ると思う。

次に成立過程である。田中は、江戸時代に小幡景憲が「綴輯」したとする。この場合の「綴輯」とは、単なる編集なのか、編著なのか、田中の論文を読んでも判然としない。田中は『甲陽軍鑑』の原史料を「高坂ノ遺記」「関山僧（かんざんそう）ノ記」「門客（もんきゃく）ノ説」としている。これらを並べ直しただけとするならば、景憲の筆は入らなかったとの主張になる。「綴輯」という言葉の意味を生かすならば、こうした理解になるだろう。ところが、「而シテ其景憲ノ筆ナルハ道牛事歴ト同一文体ナルヲ以テ知ルヘシ、而シテ之ヲ高坂ニ托セシナリ」と述べている。これを見る限り、田中は『甲陽軍鑑』の文章を景憲のものだと考えている。であれば、「綴輯」の意味は字面の通りには取れない。「高坂ノ遺記」「関山僧ノ記」「門客ノ説」を参照しながら景憲が執筆し、所によっては原史料をそのまま貼り付けて完成させたという意味で「綴輯」と述べたのだろうか。

小林計一郎は「高坂ノ遺記」の存在を疑った。それに代わるものとして、幕臣となった武田の遺臣から集めた史料を想定し、これを景憲が採訪して『甲陽軍鑑』を編著したとする。しかし、誰からどのような史料を得たかについては、具体例は一例も挙げていない。そもそも景憲が採訪活動をしたかどうか、ここからして不明である。というのは、景憲の採訪活動を想起させるような史料が何一つ提示されていないのである。

小林が「高坂ノ遺記」を疑った史料的根拠は、『甲陽軍鑑』にある「高坂弾正」の署名である。文書に見える弾正の姓は「春日」または「香坂」であり、「高坂」と書いてあるものはないのだから、「高坂弾正」という署名はおかしいという主張である。小林がこれを主張したきっかけは、有馬成甫が『甲陽軍鑑』の作者を高坂弾正とする論文を発表し、その中で田中以来の偽書説を徹底的に批判したことである。したがって、「高坂」の表記を問題にして『甲陽軍鑑』の作者を論じる小林の論文、「高坂弾正考」(『日本歴史』二四五号、一九六八年)や「武田信玄の遺骸を諏訪湖に沈めること」(前掲)は、有馬説への反論という性格を強く持った論文であり、『甲陽軍鑑』の作者が高坂弾正ではないとの主張を繰り返すだけで、小幡景憲を作者とする根拠や、景憲がどのように『甲陽軍鑑』を完成させたかについては、全く述べていない。

ついでに紹介しておくと、周知の通り、高坂弾正は春日虎綱ともいうのであるが、小林は虎綱という名についても確かな文書に見えないとして誤りだと論じた（「高坂弾正考」）。その後、虎綱の名のある書状が見つかり、小林は素直に自説の誤りを認めて訂正している（「山本勘介の名の見える武田晴信書状」前掲）。要するに小林の主張は、同じ表記が現存する古文書に見つからない、というだけのことであり、良くも悪くもそれ以上の拡がりを持った説ではない。史料に根差した研究姿勢と言えば聞こえがいいが、詰まるところ、名乗りの変遷や使い分けについて深く論考しての説ではないのである。

例えば、「高坂」は本来「香坂」なのであるが、弾正が名跡を継ぐ以前から、これを「高坂」と記す例はある。武田氏関係では『高白斎記』がそうである。また、小林も指摘しているように、上杉側の史料では弾正を「高坂弾正」と記している。当時にあって、「香坂」を「高坂」と書くことは特筆すべき事態ではないのである。小林の説に遠慮をしてかはしらないが、『武田氏家臣団人名辞典』（柴辻俊六他編、東京堂出版、二〇一五年）は、「高坂弾正虎綱」と署名してある二点の書状について、わざわざ「写か」「誤写であろうか」（春日虎綱項）と疑問を呈している。「高坂」の表記が古文書、とりわけ正文に出てくることを恐れているかのようであるが、「香坂」と「高坂」は通用関係にあるのであり、この表記違いは別段史料の価値を左右するものではない。

「高坂」だから史料として信用できない、というのであれば、『高白斎記』や上杉側の一部文書も偽書・偽文書とせねばならない。同時代に広く「高坂」と記す習慣があったとしも、弾正本人にだけは「高坂」と記すことを許さないなどというのは、全く理に適わない、為にする批判である。『甲陽軍鑑大成』の五巻から七巻は影印篇である。これを見るに、識語において「小幡」は「尾畑」と書かれている。しかしこれを根拠に小幡景憲を作者とする歴史学の定説に異を唱えた研究者は一人もいない。なぜならば、「尾畑」と「小幡」の表記違いなどは、署名の主が小幡景憲か別人かという議論の材料にはならないと、誰もが理解しているからである。現在のような戸籍制度、あるいは常用漢字の制度は、当然のことながら戦国時代にも江戸時代にもない。「尾畑」が「小幡」であるのと等しく、「高坂」は「香坂」なのであり、そこには何の不自然もないのである。

『甲陽軍鑑』の署名は一貫して「高坂弾正」であるが、本文中の表記は全く統一されていない。小林が正しいとする「春日」弾正もあれば、間違いだとする「高坂」弾正もある。弾正とは別人の香坂入道という人物がいるのだが、この表記も「香坂」入道と「高坂」入道があり、不統一である。筆者には、取り繕う気のない、素朴な感性による著述のように感じられる。仮に小林が『甲陽軍鑑』を高坂弾正に仮託して書いたならば、本文から署名に至るまで、「春日弾正忠」あたりに統一して、かえって胡散臭い書物に仕上げただろう。「高坂」の表記が、今のところ『武田氏家臣団人名辞典』において疑問視されている二点の書状にしか確認できないのは事実として、だからといって、『甲陽軍鑑』にある「高坂弾正」の署名について、その主が別人だなどと論陣を張るのは、無理にもほどがあると思う。

やや脱線してしまった。本筋に戻したい。

田中も小林も、『甲陽軍鑑』は小幡景憲によって江戸時代に作られたものだとする。その際、景憲が複数の原史料を用いたと想定しており、比較的信頼できる記述の典拠を「高坂ノ遺記」とするか、幕臣となった武田の遺臣から集めた史料とするかで異なっている。ただいずれも、綴輯やら採訪やらと述べるだけで、具体的にはいつどのようにして景憲が『甲陽軍鑑』を完成させたのか、この点については論じていない。

酒井は、『甲陽軍鑑』の作成開始を天正三（一五七五）年とする。長篠の戦での大敗で、壊滅的状況に陥った武田家の将来を案じた高坂弾正が、先君信玄の遺臣の立場から、新君勝頼の側近に宛てた諫言書として作り始めたとする。これは、『甲陽軍鑑』文中の記述を採用したものである。作成方法は、主に高坂弾正の口述を大蔵彦十郎が筆記する体制であり、後に春日惣次郎がこれに加わったとする。根拠は『甲陽軍鑑』の識語や奥書である。天正六年に弾正が死んだ後は、春日惣次郎が書き継いだとする。やはり根拠は奥書である。天正十三年に惣次郎が死んだ時点で、『甲陽軍鑑』の本体は成立していたとし、その後、小幡景憲によって写本が作られ、それをもとに版本が作られたとする。景憲による写本の成立は、識語から元和七（一六二一）年と確認できるので、実際の作業は元和六年には始まっていたとする。版本については、歴史学では明暦二年が最古と考えていたが、酒井の調査によれば、いわゆる明暦二年版の刊記は入木であり、版式や装丁からしぼるに、元和寛永頃に係るとする。つまり酒井は、『甲陽軍鑑』は戦国時代に成立した史料で、その写本や版本が江戸時代初頭に作られたとしたのである。

史料的価値についてであるが、歴史学側のそれについては本稿で述べてきた通りである。まず田中義成の「甲陽軍鑑考」で偽書とされ、基本的にこれを踏襲してきた。その後の研究により、田中の挙げた偽書たる根拠は相当に突き崩されているが、それでもなぜか結論だけは支持されて、偽書説は死守されている。戦前、渡辺世祐は史料的価値のある記述を含むと指摘しており、戦後、小林計一郎や柴辻俊六がその一部分について確認作業をした。それにより、並行史料によって裏が取れる部分については最低限度の使用が許されるようになった。しかしながら、『甲陽軍鑑』そのものの史料的価値について再検討するところまでは至っていない。

酒井は『甲陽軍鑑』を戦国時代の同時代史料とする。同時に、根幹部分が諫言書であることを述べ、古文書や古記録とは異質な史料である点も述べている。『甲陽軍鑑』文中から、次の箇所を紹介し、史料としての性格と限界を把握する必要があるとする。

爰(ここ)を一つ、高坂弾正が口ずさミに申しおくを聞たまへ。

このように口語りだと断っており、

扨(さて)も晴信公、きどくなる名人にてましますぞ。

「ぞ」のような語り口の特徴が地の文に出ていることから、口述筆記による成立に違いないと重ねて論じている。つまり、日記とは異質な性格の史料である点を述べている。さらに、

他国の事、人のぞうたんにて書しるし候へバ、さだめて相違なる事計(ことばかり)おゝきハひつぢやうなれ共、

> このおもむき、存出し（ぞんじいだ）次第、しよするにつき、ねんがう、よろづふだうにして、前後みだりに候とも、それをばゆるし給ひて、たゞこのりくつをとりて、勝頼公御代（みよ）のたくらべになさるべき也。

こうした部分から、史料としての限界をあらかじめ把握する必要があるとしている。この引用文では、次のような限界を作者自身が表明している。まず、他国のことについては情報の精度が低い。次に、思い出しながら書き付けているために、年号その他が不正確である。

その上で作者は、話の主題を理解して勝頼の「たくらべ」にして欲しい、と述べている。逐語的には比較対象にして欲しいという意味だが、言わんとしていることは、手本にして欲しい、つまり鑑（かがみ）にして欲しいということである。

> 史実との齟齬をのみあげつらって、本書の本質的価値を見失うことになってはならない。
>
> （『甲陽軍鑑大成』研究篇、二〇七頁）

酒井はこのように述べ、田中以来の歴史学者の姿勢には、基本的な誤りがあったと指摘している。そして『甲陽軍鑑』を次のように活用すべきだと提言している。

> 甲陽軍鑑の言語も、また従ってその内容も、近世前期のものとしてではなく、室町後期、即ち、中世末期の所産として活用されなければならない。国語資料としても、キリシタン資料や抄物（しょうもの）

等と並んで拮抗し得る一面を、甲陽軍鑑は十分に湛えているのであるから。

（『甲陽軍鑑大成』研究篇、二五九頁）

抄物とは、漢文体の原典を平易に講釈したものの筆録である。室町中期から江戸初期にかけて、主に学僧や儒家によって作られた。『史記』を講釈した『史記抄』（文明九（一四七七）年に五山僧の桃源瑞仙によって成立）、『蒙求』を講釈した『蒙求抄』（永正三（一五三四）年に饅頭屋兼学者の林宗二により成立）などがこれである。講釈であるために注釈書としての性格を持ち、日本思想史の史料としても有用である。また、当時の人々にとって平易に述べようとしていることから、特に室町時代の口語資料として重視されており、国語学としてはこちらの面で有用なのだろう。酒井は『甲陽軍鑑』にこれら抄物と同等の国語資料としての価値があると述べている。国語学者として、国語資料としての『甲陽軍鑑』の価値を論じたのである。同時に、室町後期の国語資料である以上、記述の内容も室町後期のものとして活用すべしと述べている。歴史学の史料としての価値を再検討せよとの指摘である。

こうした酒井の指摘を受け止めるならば、歴史学は『甲陽軍鑑』をどのような史料として捉え直すべきだろうか。まずは後世の偽書ではなく、同時代史料だと認識すべきなのだろうが、酒井が指摘しているように、歴史学が普段から扱っているような同時代史料とは性格が異なる点に注意せねばならない。

『甲陽軍鑑』は長篠合戦の大敗を受けて作成された。その時点での高坂弾正の記憶を頼りに書かれたものであり、小まめに書き継がれる日記のような年月日の正確さは期待できない。さらに口述筆記であるために、他の著述史料のような推敲をくぐっていないと思われ、そのための重複、ねじれ、不正確さから逃れられないと言える。

一般に歴史学が史料に要求する史実としての正確さは、望めないと言わざるを得ない。

それでもなお、『甲陽軍鑑』を作らずにはいられなかった高坂弾正の切実な心情は、紛うことなき中世末期の事実である。その切実な動機より紡ぎ出された記事は、信玄時代の家風・軍法・統帥・法度・公事など多岐にわたり、信玄個人の人格・信仰・教養とそれらが磨き上げられていった過程、さらには信玄の自慢話にしか読み取れないような雑談をも含むが、これらは全て、高坂弾正にとっては、伝えずにはいられなかったもの、武田家の再起のために必要不可欠と信じたものである。この動機からして、信玄の時代を高く、勝頼の時代を低く評す向きがあるが、これを作意による性格付けとすべきではない。勝頼は家が存亡の危機に瀕するほどの大敗を喫した。そのどん底の状態にいる勝頼に、かつての信玄に並ぶほどの高みまで這い上がって欲しいと願うのは、飾りも偽りもない弾正の真情だったと理解すべきである。そもそも弾正が称揚するまでもなく、信玄は偉大な人物として認識されていたのであり、大敗を喫した勝頼がそれより低く評されるのは、作意などではなく、当時の客観的事実の反映である。

歴史学の史料として『甲陽軍鑑』を扱う場合、研究の目的は史実の解明に止まってはならない。渡辺世祐が『武田信玄の経綸と修養』(前掲書)で示したような、二段構えの、あるいは二重構造の研究課題を設定しなければ、『甲陽軍鑑』という史料の性質と噛み合えなくなってしまう。無論、史実の解明が前提である。これは今日まで、歴史学が研鑽・蓄積してきたものであり、今後も継続していくべきものである。そのための史料としても『甲陽軍鑑』は十分に役立つと考える。

しかしそれだけでは不十分である。明らかになった史実、その歴史的事象を貫く価値体系を論じて初めて、『甲陽軍鑑』という史料から情報を引き出したと言えるのだと思う。「たゞこのりくつをとりて、勝頼公御代のたくらべになさるべき也」と弾正が述べているように、記事の字面を追うのではなく、弾正の伝えようとした主題を把握し、論じなければならない。つまり『甲陽軍鑑』を使いこなそうとすれば、形而上の問題を論ぜざるを得なくなる。それは家風・思想・信仰・教養・志風などであり、美意識や価値観であり、理想である。こうしたものと史実とを行き来しながら論じる技量と方法が必要になる。そのように自身を鍛え上げる努力を研究者に要求する史料だと思う。

そしてもう一点、信玄時代の事蹟諸々を鑑として勝頼側近に伝えたいという当初の目的が、甲州崩れによって挫かれたことを忘れてはならない。弾正の死んだ天正六（一五七八）年、武田家はまだあった。弾正の死後、書き継いだのは甥の春日惣次郎であり、その絶筆は天正十三年、武田家滅亡よりも後である。勝頼側近への諫言書として開始された執筆が、家が滅んだ後も続けられた点に注意せねばならない。当初の目的を果たせなくなった後も、惣次郎が病を押して命懸けで書き続けた理由を考える必要がある。

武田家が滅亡した時点で、諫言書としての『甲陽軍鑑』は御役御免になった。実用の点において無価値になったのである。それでも惣次郎が書き続けた以上、実用とは別の価値を信じていたと考えねばならない。信玄の事蹟を記すことで弾正が伝えようとしたもの、「ねんがう、よろづふだうにして、前後みだり」な記述の背後にある「りくつ」、すなわち『甲陽軍鑑』の主題、それ自体に普遍的な価値を認めていたと筆者は考える。そう考えるよりほかに、惣次郎の命を懸けた執筆活動を理解するすべが見つからないのである。

酒井の研究によれば、『甲陽軍鑑』の原本は春日惣次郎から小幡下野守に渡り、そこから小幡景憲に伝わった。武田の遺臣の多くは家康に召し抱えられたが、一部は上杉氏に迎えられた、ということは「市川文書」にまつわる研究を紹介した際に述べている。小幡下野守は上杉氏に仕えるようになった。甲州崩れの後、牢人(浪人である。つながれていたわけではない)となりながら『甲陽軍鑑』を書き続けた惣次郎、上杉氏に仕えるようになった下野守、後に家康に仕えることとなる景憲、この三者の間を『甲陽軍鑑』の原本が移動したとする酒井の説は妥当なのだろうか。

小幡氏について簡単に述べておきたい。武田氏と上杉氏が川中島一帯で激しく争っていた時期、武田側では永禄三(一五六〇)年に海津城を築城し、高坂弾正を城代として最前線に配置した。その際、副将としてつけられたのが小畠虎盛である。晴信が出家して信玄となった際、虎盛も入道して日意となっている。また、海津城は山本勘助の指図で虎盛が縄張りをしており、信玄の信任の厚い武将だったと推測される。城将に高坂弾正、副将に小畠虎盛、海津城はこの布陣で対上杉戦の最前線を担ったのである。

翌永禄四年に虎盛が没すると、息子の小幡昌盛が後任となった(昌盛のときに「小畠」から「小幡」に改姓したという)。が、昌盛は弾正の副将ではなく信玄の旗本を望んだ。訴訟に及んだほどであるから、よほど強固に願ったのだろう。結果的に叶えられた。ただし父から継いだ所領と与力は召し上げられ、叔父（虎盛の弟）の小幡光盛がこれを継承し、弾正の副将として海津城二の曲輪に入っている。昌盛は騎馬三騎足軽十人の旗本として信玄に仕えたようなので、海津城副将の地位にいた方がよかったようにも思うのだが、本人の強い希望なので、後世からとやかく言うものではないのだろう。所領や与力と引き替えに信玄の旗本となった昌盛は、信玄・勝頼二代にわたって仕え、武田家が滅ぶ天正十（一五八二）年に病没している。三月六日だったと伝えられており、であれば、天目山で勝頼が死ぬ五日前である。

一方、弾正の副将となった光盛は、弾正の死後も海津城を守り、天正十年の甲州崩れまで支え抜いた。その後上杉氏に迎えられたが、武田家臣時代に名乗っていた官職山城守が、上杉景勝第一の家臣直江兼続と同じだったため、下野守に改めている。小幡下野守とはこの人物である。つまり春日惣次郎は、高坂弾正の副将として海津城を守った光盛に『甲陽軍鑑』の原本を託したのである。命を懸けて書いた『甲陽軍鑑』を託すのに、相応しい人物だったと思われる。

さて、海津城の副将を蹴って信玄の旗本になった昌盛には四人の息子がいた。この四人にとって、天正十年は父の死と甲州崩れが同時にやってきた試練の年である。四人は大叔父にあたる光盛に保護され、後にそれぞれの道を歩んだ。

長男は昌忠といい、甲州崩れの時に十九歳、家康に仕え、慶長三年に三十六歳で病没している。

次男は在直といい、甲州崩れの時に十五歳。牢人を経て、織田信雄の家中土方氏の養子になったが、後に家康の命で井伊直政家中の広瀬氏の養子となり、井伊家に仕えた。寛永初頭に六十歳余りで病没したと伝えられている。

三男が景憲である。天正十年十二月、十一歳で小姓として徳川家に召し出され、井伊直政に預けられていたが、二十四歳のときに起請文を出して井伊家を去っている。起請文は、豊臣秀吉が死ねば大きな戦になる、その時には井伊家の備えを借り、徳川秀忠のために懸命に働く覚悟である、といった内容である。実際に秀吉の死後、関ヶ原の戦があり、大坂の陣があった。景憲は誓約の通り駆けつけ、井伊家の備えを借り、奮戦した。特に大坂の陣での活躍はめざましかったらしく、その武勲をもって徳川家直参となっている。正確には帰参したということかもしれない。

井伊家を離れていた間、景憲が何をしていたのかは定かでない。あるいは小幡下野守から『甲陽軍鑑』の原本を譲り受け、一冊目の写本を作り始めていたのだろうか。直参となった景憲は、甲州流兵学を確立し、その門下から北条氏長・山鹿素行・奥田玄賢（げんけん）などの俊英を輩出し、日本兵学の大成者として活躍する。当時としては驚異的な九十二歳まで生きた。

四男の昌重（まさしげ）は家康に仕えたが、わずか十六歳で病死している。

酒井説に引きつけて考えると、『甲陽軍鑑』の原本は、高坂弾正とその甥の春日惣次郎、弾正の副将だった小幡光盛とその甥の子である小幡景憲、二つの家の中で動いたことになる。そして二つの家は、海津城の城将と副将の関係にあった。すなわち原本は、非常に限定された人間関係、濃密な人間関係の中で移動したのである。こうしてみると、酒井説の妥当性は高いように思われる。

『甲陽軍鑑』の作者が高坂弾正であること。大蔵彦十郎や春日惣次郎の関わり方。原本の成立過程と伝来。小幡景憲が写本を作成した際の誠実な姿勢。写本と版本それぞれの系統の整理。『甲陽軍鑑』

の言語が室町後期の言語層であること。これらを論じて酒井は『甲陽軍鑑』を同時代史料とした。そして史料的価値を再検討するよう指摘している。

酒井の研究は国語学のものであり、専門知識を持たぬ者にとっては吟味しづらい面も確かにあるのだが、門外漢なりにその説を検討し、可能な限り平易に示したつもりである。酒井の研究は、その質もさることながら、量としても圧倒的なものであり、その全てを余すことなく紹介することはとてもできない。それでも本稿で示した論点・論拠を検討してもらえれば、歴史学の研究者が押し戴いてきた田中の「甲陽軍鑑考」と比べて、どちらがより説得力を持つ説なのかは了解されるのではないだろうか。

筆者は、酒井説の妥当性・説得力は非常に高いと考えている。田中以来の偽書説とは比較にならぬほど確かな説だと考えている。しかし既に述べたように、この酒井の研究は直ちには歴史学に影響を与えなかった。歴史学にとって国語学は、近接分野ではあるかもしれないが、同じ専門分野ではない。軍事史や思想史以上に、縁遠い学問である。この縁遠さが酒井説への反応を遅滞させた。さらには、やはり国語学の研究成果を検討する方法を持たないために、その受容を躊躇したことも確かだろう。そして何よりも、歴史学にとって『甲陽軍鑑』の史料的価値は、田中の「甲陽軍鑑考」で結論の出た議論であり、今さら蒸し返す必要のないものだという雰囲気が蔓延していた。

『甲陽軍鑑』は偽書である、という説は日本中世史を代表する研究者らによって繰り返し唱えられてきたのであり、そうしているうちに、偽書説の内容を検討するまでもなく、偽書であるという結論は普遍の真理であるかのように認識されてしまったのである。本稿では田中の偽書説と、それを踏襲する研究者たちを紹介してきた。そのうち、代表格の名前を並べてみる。

田中義成・渡辺世祐・高柳光寿・奥野高広・小林計一郎・磯貝正義・柴辻俊六——日本中世史を専攻する者、特に戦国時代を研究対象とする者にとって、知らぬ名前は一つもない。これほどの研究者が、揃って偽書だと言っているのであれば、間違いなく偽書なのだろうと、学生や院生が思い込んでも仕方のない顔触れである。

日本中世史とは無縁の読者もいると思うので、名前の持つ威圧感は伝わりにくいかもしれない。田中義成や渡辺世祐は、ほとんど伝説上の存在であり、野球界で言えば、沢村栄治や川上哲治である。高柳光寿が王や長嶋のクラスで、奥野以降になってようやく現実感の伴う名前になる。野茂英雄とか松井秀喜とかイチローとか、この辺りである。院生などはプロ入りしたての二軍の選手であるから、右に挙げた名前を聞いただけで、何か向こうが正しいように感じられてしまうのである。

本稿では、偽書説に反論した研究者も紹介した。

有馬成甫・上野晴郎・酒井憲二である。

有馬は軍事史家である。軍事史の分野では知らぬ者などいない大家であるが、歴史学者ではない。上野は学者であると同時に作家でもあったので、そちらで知っている読者もいるかもしれない。酒井は国語学者である。

このように、近接分野の研究者、または二足の草鞋を履く者から反論が出たのであり、日本中世史の内輪の世界にあっては、先に示した偽書説側の研究者と比べると、ネームヴァリューがない。本来は、誰が言っているかではなく、何をどう言っているかで判断すべきなのだが、院に上がったばかりの院生が、膨大な先行研究の全てに目を通すことは不可能であって、若い研究者たちがどのように研究を進めていくかを検討する際、偽書説の内容を検討せぬまま、『甲陽軍鑑』は使えないのだと判断してしまう雰囲気は、確かに存在している。

このような状況がある中、日本中世史の内部から、『甲陽軍鑑』の史料的価値を見直すべしと論じる研究者が出た。黒田日出男である。

黒田は日本中世史の世界に酒井の研究を紹介し、『甲陽軍鑑』の史料的価値を見直すよう論じる論文を立て続けに発表した。その成果は『『甲陽軍鑑』の史料論――武田信玄の国家構想』（校倉書房、二〇一五年）にまとめられ、これが現時点での、『甲陽軍鑑』の史料的価値を論じる最新の研究である。歴史学に限って言えば、唯一の研究書である。

その中で、黒田は自身の学生時代を振り返り、次のように述べている。

ところで、学部生時代のわたしは、ある先輩から『甲陽軍鑑』は怪しげな軍学の書であり、とても史料としては使えない代物である、もしも使えば致命的であり、歴史研究者としてはやっていけなくなる、と教えられた。そうした『甲陽軍鑑』の位置づけと評価・評判は、この先輩だけのものでは決してなかった。言わば、日本史学会の「常識」のようになっていたとさえ言えるだろう。以来、わたしは『甲陽軍鑑』とは距離を置き、まともに読むこともなく今日に至ったのである。

（一五頁）

黒田の学部生時代であるから、昭和三十五年前後だろうか。この黒田の回想からも、歴史学において、『甲陽軍鑑』がどのような書物として扱われてきたかがよくわかる。史料として失格なだけでなく、それを用いた者は研究者として立ち行かなくなるとまで言われている。単に史料的価値が低いだけではない。若い研究者にとっては、歴史学の世界で生きていけるか否かに関わる踏み絵のようなものにすらなっていたのだ。

その元凶は、もちろん田中の「甲陽軍鑑考」である。明治二十四年、田中は、自身の論文がここまでの影響力を発揮すると考えていただろうか。おそらく田中は、覚え立ての史料批判を『甲陽軍鑑』を相手に試してみただけだろう。近代的な歴史学の方法で江戸時代以来の俗説や通説を正すのは、戦前の歴史学研究に見られる一種の雛形であり、そういう意味では、田中の「甲陽軍鑑考」は、当時のありふれた研究の一つに過ぎないとも言える。ただし、田中は偉くなってしまった。今日的な教育を受ける機会もないままに十六歳で写生となった田中義成少年は、最終的には、東京帝国大学教授田中義成博士になってしまったのである。「甲陽軍鑑考」は鉄案となり、偽書説は不動の定説として今日なお健在である。田中の「甲陽軍鑑考」は一先行研究とは言えない影響力を持ち続けており、それは『甲陽軍鑑』にとっては呪いのようなものである。

このような状況・雰囲気の中で研究者になった黒田は、どのようにして偽書説に疑念を抱いたのだろうか。黒田の著述によれば、直接のきっかけは『大坂夏の陣図屛風』（大阪城天守閣所蔵）を解析する必要に迫られたことらしい。

かくして、この屏風の諸場面を分析・読解、そして記述する作業が課題となったのである。これまでは、十六世紀の戦争の具体相に深入りするのは避けてきたが、それでは済まなくなった。そこで、一番ふさわしい文献史料を探していった結果、かの『甲陽軍鑑』へと行き着いたのである。それを恐る恐る、そして初めてまともに読み込んでいった結果はどうであったか。なんと、『甲陽軍鑑』は〈十六世紀史〉を考察・記述するのに最も良質の史料の一つではないかとの「判断」に到達したのであった。（一三―一四頁）

ここで注目したいのは、黒田が『甲陽軍鑑』を読み込むことによって、『甲陽軍鑑』への評価を改めた点である。例えば奥野高広は、田中の「甲陽軍鑑考」は読んでいたものの、『甲陽軍鑑』そのものにあたったかどうかは非常に疑わしい。このことは奥野と有馬との論争を紹介した部分で述べている。史料的価値が低い、あるいは全くないとされる史料であっても、書状であれば、読むのにさほど苦はないだろう。しかし『甲陽軍鑑』は大部の史料である。研究に役立たないと思いながらわざわざ読むには、あまりにも敷居が高い。

引用した黒田の文章からわかるように、黒田は必要に迫られるまで、『甲陽軍鑑』をまともには読んだことがなかった。その一方で、学部生時代に、つまり学問の世界の入り口に立った時に、史料としては使えない、使ってはならないと教えられ、その結論だけは受け入れ、守ってきたのである。これは多くの歴史学者に共通した至極平均的な姿だと思う。

しかし黒田本人は、そのような自分自身を許せなかったらしく、次のように宣言している。

『甲陽軍鑑』は偽書などではない。むしろ、戦国史を豊かに把握する上で欠くことのできないテキストであり、戦国時代史の数多くのテーマが、それによって解明できるであろう。そう考えたわたしは、「甲陽軍鑑の史料論」というサブ・タイトルをつけた連作を開始した。一時期は偽書扱いされてしまった『甲陽軍鑑』を蘇らせるための研究であり、自己批判としての研究でもある。わたしは、当初の必要すなわち戦国合戦図屏風を読むためのテキストという位置付けにとどまるのをやめた。自分の都合の良いところだけを「つまみ食い」するのではなくて、『甲陽軍鑑』の史料的性格を明らかにする研究に取り組むことにしたのだ。つまり、『甲陽軍鑑』とは何かを問い、それを史料として読み込むことによって、歴史のどんな諸側面を照射することができるかを考え続けることにしたのである。

（一〇—一一頁）

これを言うためには、かなりの覚悟が必要だったと思われる。単純に、学界の定説に挑む、と述べたのではない。研究に用いるだけで学者失格と見なされる危険な書物と、正面から組み合い、格闘し続けると宣言しているのである。

無礼を承知で言うならば、「まともな歴史学者だと思われなくても構わない」「嘲笑を買っても『甲陽軍鑑』の史料論に学者人生を捧げる」という意味を孕んだ宣言である。

黒田は第一線で活躍する研究者である。失うもののある身である。さらに言えば、黒田が六十歳まで勤めていたのは東京大学史料編纂所である。田中義成・渡辺世祐・高柳光寿・奥野高広らのいた、官学実証主義の牙城であり、偽書説の最右翼となっていた組織である。黒田が偽書説に反旗を翻すのは、中世史家が禁忌に触れるというだけでなく、史料編纂所の系譜の中で裏切り者になるという意味をも持つのである。

研究者が、研究上の問題だけで身を処していくことの困難さは、渡辺世祐の研究を紹介した箇所で述べた通りである。渡辺は、田中の説を追い詰めながら、すんでの所で自ら膝をついた。渡辺にできなかったことを、黒田はやろうとしているのだ。

黒田の宣言は、覚悟の宣言である。

『甲陽軍鑑』の史料論に取り組んだ黒田は、先行研究を整理し、当然のように、田中の「甲陽軍鑑考」に検討を加えた。歴史学の研究者が「甲陽軍鑑考」を検討する。このこと自体が特筆すべきことである。

黒田がどのように「甲陽軍鑑考」を検討したのか、その著書、『『甲陽軍鑑』の史料論――武田信玄の国家構想』(前掲書)からの引用も交えつつ紹介する。本稿でも黒田の指摘はたびたび取り上げてきたので、一部は重複してしまうが、黒田の論旨を誤解なく、かつ平易に示す必要からそうなっているものである。許して欲しい。

黒田は「甲陽軍鑑考」の構成を次のように説明している。

第一は、『甲陽軍鑑』についての江戸時代の諸論を整理したうえで、田中の『甲陽軍鑑』論を示したものであり、第二は、『甲陽軍鑑』の信憑性をめぐる検討であり、そして第三に、田中が『甲

陽軍鑑』の「綴輯者」であるとした小幡景憲（一五七二―一六六三）について簡単に論じている。（三三二頁）

この三つの部分からなるとし、黒田はそれぞれについて検討を加えている。

第一の部分で、田中は『甲陽軍鑑』の作者と成立時期にまつわる江戸時代の諸説を整理し、その中から小幡景憲による「綴輯」説を採用している。それについて黒田は、田中は小幡景憲の「綴輯」だとするものの、その「綴輯」作業の具体相が示されていないと指摘している。

さらに田中が景憲を作者とする根拠、『道牛事歴』と『甲陽軍鑑』が同一文体であるという点について、黒田は文体比較を行っている。田中が利用したと予想される内閣文庫の五本、すなわち『小畑道牛事歴　全』『景憲物語　一名景憲軍記抄　全』『景憲軍記抄　景憲物語』『小幡道牛事歴』『景憲自記』を用い、五本いずれも『甲陽軍鑑』とは明瞭に異なる文体だと結論している。

これらにより、田中の「甲陽軍鑑考」の第一の部分について、黒田は次のように総括している。

かくして、田中の第一の部分についての仮説は、わたしの率直な判断では、いきなりの断定に近く、とても説得力のあるものとは看做し難い。少なくとも、今日の研究者に要求されている論証の水準からすれば、田中は、説得力のある考証や論証を全く行っていないと言うべきであろう。そもそも田中は、『甲陽軍鑑』の諸本に関しても、『甲斐国志』に依拠して「異本十八種」があるとしているだけであり、写本や版本を比較する作業を行った形跡は全くない。近代歴史学黎明期の田中には、そうした書誌学的ないし文献学的手続きが欠如していたか、ないしは不十分だったのであろう。
とすれば、田中の第一の論断は、今日の書誌学・文献学にとっても、そして日本史学にとっても、到底認められない、ないしは説得力のない仮説なのである。
（三四―三五頁）

この黒田の指摘は、田中に対して極めて厳しいものである。黒田の目的は史料としての『甲陽軍鑑』を蘇らせること、すなわち偽書説の粉砕である。筆者は本稿で、田中の生きた時代背景を考慮しつつ「甲陽軍鑑考」を取り上げた。しかし、ここでの黒田はそのような情状酌量を全くしていない。偽書説の発端となった「甲陽軍鑑考」を、現在の学問の水準に照らして冷徹に論じている。偽書説が今日でも健在である以上、その説の本営である「甲陽軍鑑考」に対しては、飽くまで今日の水準を適用して評価するとの姿勢だろう。「いきなりの断定」「考証や論証を全く行っていない」「比較する作業を行った形跡は全くない」「手続きが欠如」「不十分」「到底認められない」「説得力のない仮説」など、厳しい言葉が並んでいる。これらの言葉は、教授が学部生を指導する際に出てくる類いのものであり、本来、一線級の研究者間で飛び交うようなものではない。この黒田の文章は、田中の論証の精度についての議論と言うよりは、歴史学の基本的な作法の未習得を咎める叱責に近い。引用文を要約すれば、次のようになる。

学問と呼ぶに値しない。

第二の部分は、田中が『甲陽軍鑑』を偽書とする根拠を列挙している箇所である。田中は『甲陽軍鑑』の主旨は「甲州軍法」を伝えることにあるとしたうえで、七つの偽書たる根拠を示している。この七つについては、本稿でも取り上げてきた。黒田はこの箇所、七つの根拠を並べたこの箇所こそが『甲陽軍鑑』に偽書の烙印を押したとする。

無論、黒田は七つの根拠に批判を加える。まず総論として、

この部分は、『甲陽軍鑑』が史書として失格であることを決定づけた部分であるが、その指摘が正確かつ妥当であるかと言えば、否である。（三六頁）

このように述べ、田中の根拠には問題があるとし、続けて七つそれぞれを個別に検討していく。黒田は田中の原文を用いて議論しているが、平易さを保つため、本稿で用いてきたもので代用したい。先に挙げた七つの根拠（本書一六三―一六四頁）のうちの(1)、すなわち父信虎の隠居に関して『甲陽軍鑑』がその年号を誤り、晴信が信虎を追放したとしている点、および(4)、晴信が剃髪して信玄を名乗るに至った年代についての『甲陽軍鑑』の記述、田中が挙げたこの二つの根拠は渡辺世祐によって、(5)の信玄葬送についての指摘は有馬成甫によって、既に否定されている。そうした先行研究を簡潔に示した上で、黒田は、(6)すなわち大内氏の滅亡は天文二十年であるのに、『甲陽軍鑑』の中で山本勘介が天文十六年と言っていること、および(7)、松永久秀が亡ぶのは天文五年であるのに、『甲陽軍鑑』の中で高坂弾正が天正三年と言っていること、この点について次のように述べている。

大内氏と松永久秀が滅亡した年を『甲陽軍鑑』が間違えているとの指摘であるが、しかし、『甲

陽軍鑑』は、遠国のことについては正確な情報がないとして、誤謬の可能性を断っており、これをもって「鹵莽(ろもう)モ亦極(またきわま)レリ」とすることはできない。

（三六頁）

『甲陽軍鑑』という史料の性格と限界を踏まえた、正常な言い分だと思う。黒田が酒井憲二の研究を受け止めたことが端的に示されている文章でもある。さらに黒田は(7)について、次のように続ける。

松永久秀の滅んだのは「天正五年」のことであるのに、田中は「天文五年」のこととしているのである。このような小論であるのに、年号の誤りを犯しているとはどうしたことであろうか。

（三六―三七頁）

『甲陽軍鑑』に対して年号の誤謬を咎める田中自身が、論文内で年号を誤っているという、何とも間抜けな点を指摘しているのだが、黒田のこの著書は平成二十七（二〇一五）年のもの、そのもとになった論文も平成十八（二〇〇六）年のものである。田中の「甲陽軍鑑考」は明治二十四（一八九一）年に発表されている。この間、本当に誰も気が付かなかったのか、誰もが気が付いてはいたが一人も声を上げなかったのか、どちらだろう。脱線せぬよう、ここは黒田説の紹介に戻る。

黒田は(6)と(7)について、『甲陽軍鑑』の記述を誤謬とすべきでないとし、改めて田中の挙げた七つの根拠の現状確認をした。それによれば、正確なのは年号の誤記を指摘した(2)と(3)のみで、晴信が信玄を名乗る年代についての指摘(4)には問題があり、(1)、(5)、(6)、(7)に至っては田中の方が誤りを犯している。

さらに黒田は、田中の研究手順が誤っていると述べる。史料の誤謬を指摘する以前に、その史料がいかなる性質のものであるか、テキストとしての基本的性格はどのようなものであるかを検討すべきであり、その手順を踏んで初めて、史料としての利用方法や活用の可否を論じ得るのだと、そして田中はこれらをしなかったのだと指摘している。

至極もっともな意見であり、何の反論もないのであるが、この当たり前のことに黒田が敏感なのは、黒田が文献史料だけでなく絵画史料をも駆使してきた研究者だからだろうか。あるいは、基礎的な作法を徹底しさえすれば、酒井の研究以前に、歴史学の内部から『甲陽軍鑑』を見直し得たのではないかという、歴史学者としての反省がこれを言わせたのだろうか。

どちらにせよ、黒田の指摘は、やはり田中に厳しい。第一の部分と同様で、この第二の部分でも、田中の研究は今日の水準に照らして及第点に達しないとしているのである。

第三の部分は、田中が「綴輯」者とする小幡景憲とその門人たちに関する記述である。

> 或ハ云ク此書モト未定稿ナルヲ、小幡ノ門人私ニ謀リテ梓行ス、景憲之ヲ悔ユト、然レトモ韜略ノ得失ヲ論シ、器制ノ利害ヲ講スルニ至テハ、実ニ近古兵書ノ祖ナリ、小幡氏ハ世々武田氏ニ仕フ、景憲天正元年ニ生レ、武田氏亡フルニ至リ、徳川家康ニ仕フ、文禄四年脱シテ四方ニ游ヒ、兵術ヲ練修シ、兼テ禅理ヲ研ス、故本書ニ仏語多シ、関原ノ役、井伊直政ニ隷シテ功アリ、大坂ノ役又欸ヲ家康ニ投ス、而シテ猶武田氏ヲ念ヒ、為メニ其墓ヲ修メ、景徳院（甲斐東八代郡田野ニアリ勝頼ノ墓所）ノ永続ヲ

謀ル、晩年心ヲ著述ニ潜メ、本書ノ外竜書虎書豹書ヲ撰ス、寛文三年二月十五日歿ス、年九十一、恵林寺ニ塔アリ、徒弟甚盛ニシテ、北条氏長・山鹿義規輩出ス、而シテ後ノ本書ヲ祖述スルモノ、甲陽合戦伝記五冊・甲陽合戦日記一冊・甲陽雑記零篇・甲陽合戦覚書一冊・甲信発向記一冊・甲陽軍鑑評判一冊等アリ、而シテ宇佐美定祐ノ甲越五戦記校正ハ、本書ヲ駁シテ反テ誤ルモノナリ、

（「甲陽軍鑑考」）

この部分である。これについて黒田は、次のように述べている。

この記述は、小畑景憲の伝記的記述としては妥当なのであろうが、『甲陽軍鑑』の「綴輯」者としての小幡景憲は全く見えてこない。晩年の景憲が著述に専心したことは事実である。しかし『甲陽軍鑑』は、寛永年間にはすでに読まれていたテキストであり、伝記とは齟齬する。景憲は、どのようにして元になるソースを集め、それらに私見を加えた上で『甲陽軍鑑』を「綴輯」することが出来たのであろうか。この肝心な経緯については、田中は全く論じていないのである。

（三八頁）

史料的価値は、成立過程によって変わる。小幡景憲の「綴輯」による成立ならば、『甲陽軍鑑』は後世の偽書となる。そう主張するのであれば、田中は景憲による「綴輯」について、いつどのように行われたのか、それを示す史料はあるのか、直接の史料がないのであれば妥当性はどうなのか、そう

したことを論じる必要がある。

それを全くやっていないと黒田は指摘しているのである。つまりは、田中は『甲陽軍鑑』の作者と成立過程について、小幡景憲による「綴輯」という結論を言っただけで、論証はしていない、という指摘である。

第一から第三までの各部分に検討を加えた黒田は、田中の「甲陽軍鑑考」について、次のように総括している。


田中の小論「甲陽軍鑑考」は以上のような内容であり、それは周到な考証がなされている論文とは到底言い難いものであった。「甲陽軍鑑考」は、田中にとっても、日本の近代歴史学にとっても、その草創期の考証的小論に過ぎず、しかも、今日の研究水準からすれば、極めて不十分・不徹底な考証にとどまった小論文に過ぎなかったのである。

（三八頁）


黒田の言う「考証的小論」とは、思いついたことをちょっと調べて書いてみたもの、という意味だろうか。

黒田は「甲陽軍鑑考」は三つの部分からなると解析した。

第一は、『甲陽軍鑑』についての江戸時代の諸論を整理したうえで、田中の『甲陽軍鑑』論を示したもの。つまり、先行研究の整理と自説の提示である。第二が『甲陽軍鑑』の信憑性を検討するもので、第一で示した自説を補強する部分である。第三で、綴輯者とする小幡景憲について述べ、結論に代えている。

第一から第三、それぞれに加えた黒田の検討をまとめると、まず第一の部分は、今日の水準に照らせば学問になっておらず、第二の部分では、史料に対して踏むべき手順を踏まぬまま『甲陽軍鑑』の七つの誤謬を指摘し、しかもそのうち四つは田中の方が誤っている。第三に至っては、史料の成立過程とは無関係な単なる伝記の紹介であり、論証になっていない。

総じて、「考証的小論」「極めて不十分・不徹底な考証にとどまった小論文」に過ぎない、という評価である。黒田は明治二十四年当時の田中の年齢を考え、こうも言っている。

> 誤解を恐れずに言えば、「甲陽軍鑑考」はまだ三十歳の研究者が書いた考証的な小論の一つに過ぎなかったのである。（四〇頁）

黒田は「甲陽軍鑑考」とそれを書いた当時の田中義成について、未熟だと言っているのである。では、その未熟な小論に過ぎない「甲陽軍鑑考」が、日本中世史研究の世界において、今日に至るまで金科玉条のごとく敬われ、偽書説を堅持せしめている理由は何だろうか。

その理由について、黒田は次のように述べている。

> 「東京帝国大学教授」田中義成「博士」の出した結論とされ、その権威によって、『甲陽軍鑑』は「史書」として失格の烙印を捺されてしまったのであった。（三九頁）

論文の内容ではなく、「東京帝国大学教授」や「博士」の権威によって支持されたのだという説明である。

黒田はこれが彼一人の個人的な見解ではないことを示すため、上野晴郎の『山本勘助』（新人物往来社、一九八五年）から次の部分を引用している。

この論説は、当時日本で唯一の官学の牙城である、東京帝国大学の史料編纂所の教授が、史料を吟味した上での研究ということであったので、近代的な学術論文として大いに注目され、この論文はその後、史学界に多大な影響をおよぼし、それまで高かった『甲陽軍鑑』の価値を、引き下げるもとになったばかりではなく、それ以後ずっと現代にいたるまで、史学者たちに強い影響を与えてきたのである。（上野晴郎『山本勘助』一四―一五頁）

これを紹介した黒田は、

このように田中義成の小論は、じつは東京帝国大学教授・博士の権威によって『甲陽軍鑑』の史料的価値に決定的なダメージを与えることになったのであった。（『『甲陽軍鑑』の史料論』三九頁）

と、論文の内容ではなく権威によって偽書説が定説化したことを重ねて述べている。

であれば、田中の論拠がどれだけ崩されても結論だけは支持されるという不可解な現象も納得できる。田中が書いたという点が大事で、内容はどうでもいいのだから、学問上の議論で論文の内容がどうなろうと、結論が変わることはないわけである。

黒田と、『山本勘助』を書いた当時の上野晴郎との共通点は、『甲陽軍鑑』の史料的価値を見直そうとする点にある。当然両者は、偽書説の発端となった田中の「甲陽軍鑑考」を検討するのであり、検討しさえすれば、どうしてこんな論文を根拠に偽書説が維持されてきたのだろうかと、不可解な気持ちになるはずである。そうして考えているうちに、これは学問上の議論とは別の何かで支持されているのだろうと思い至り、権威による偽書説の堅持という結論に達したのである。

黒田や上野の見解が正しければ、研究上の議論、すなわち学問の力では偽書説を覆せないということではないだろうか。

黒田は権威による偽書説の定説化を述べると同時に、しかしそれだけでは偽書説が今日まで続いている状況を説明しきれないともする。田中の「甲陽軍鑑考」を中核に置いた偽書説が、依然として不動の定説となっている理由について、黒田はその主たるものと考えられる四点を挙げている（六三―六五頁）。それを紹介したい。

第一点は、既に紹介した権威である。黒田は「権威」「ご威光」という言葉で表現し、田中の「甲陽軍鑑考」には「権威の後光が射していた」と述べている。

第二点は、戦国史研究が、史実とその年月日を確定する作業をベースとした政治史中心に行われたこと。黒田はこの弊害について二つ指摘している。一つは、『甲陽軍鑑』の利用が、他の史料によって真実性・信頼性の確認できた箇所に限定されてしまったこと。もう一つは、『甲陽軍鑑』の誤謬をあげつらうことが、論証の厳密性、あるいは自らの研究能力の高さを示す証であるかのような風潮を生み、こぞって誤謬を指摘し合うようになり、その度に定説への安住が確認され続けてきたことだと述べている。

第三点は、『甲陽軍鑑』という複雑かつ豊饒な史料に迫るための文献学的・書誌学的アプローチが、戦国史研究者からは出てこず、テキスト論や史料論が試みられることもなかったこと。

第四点は、黒田が最も大切としているので、要約せずに文章をそのまま引用する。

そして第四点として、これが最も大切なことだと思われるのだが、戦国史研究の新たな飛躍を生み出す課題認識・研究視角・研究方法の模索が、豊饒な史料論的開拓を生み出すかたちでは登場しなかったのではあるまいか。問題は、研究者の側の「構想力の貧困」にあったのではないだろうか。

（六五頁）

この文章は黒田の研究書からの引用であり、つまりは学術論文である。想定している読者は、歴史学を学んだ人間である。本稿は、より広い読者を想定しているので、無用の気遣いかもしれないが、この引用文に説明を加えさせてほしい。

前提として、史料的価値のある史料を用いて歴史を著述・議論するという歴史学の基本ルールが共有されていることになっている。

史料的価値は史料批判によって計るのだが、鉄則として、著述・編纂されたものよりも、実際に機能した文書を信頼することになっている。作為が差し挟まれる余地が少ないからである。

古文書（書状）、古記録（日記）の信頼度が最も高い。日記はその作者が記すものであるから、記事に見える価値判断は特定の個人の人格をくぐったものであるが、その点に注意すれば、いつどのようなことが起きたのかという客観的事実を拾えるため、いわゆる著述史料よりも信頼できる。同じ理由で、年代記も同程度に信頼できる。

逆に、信頼できないものとしては、まず偽書・偽文書である。著述史料のうち、軍記物あるいは物語的性格を持つものも信頼度が低い。これらは作者の作意や作為または創作が入っている、むしろ入ってなんぼであり、客観性が望めないだけでなく、記述がそもそも虚構である可能性すらあるからである。

武田氏研究で例を示すと、一般に見る機会の少ない生文書（なまもんじょ）を除けば、最も信頼できる史料は、『戦国遺文武田氏編』や自治体史（『山梨県史』史料編など）に収載されている古文書であり、次いで『妙法寺記（勝山記）』や『王代記』、『高白斎記』などの年代記や日記である。これらに記述があれば、強力な反証がない限りはそのまま史実として扱っても文句を言われることはない。また、これらの記述を根拠に、齟齬する他の史料（著述史料の記事など）を斥けることも可能である。

春日惣次郎が作者とも言われる『甲乱記』は、軍記物としては良質な史料であるが、古文書・古記録ほどの信頼度はない。『武田三代軍記』になるとかなり注意を払いながら用いる必要があり、『理慶（りけい）尼記（にき）』はほとんど時代小説だと思って扱わなければ、史料批判を怠っていると思われてしまう。

偽書の烙印を押されている『甲陽軍鑑』は最も信頼度が低く、論拠として認められないばかりか、用いるだけで研究者失格と見なされる危険さえある。

こうした状況があるので、簡単かつ確実に実証性を担保するのであれば、古文書・古記録のみを用いて研究をすればいい。そうすれば、史料批判のレベルでケチをつけられることはまずなくなる。古文書（書状）、『妙法寺記（勝山記）』『王代記』『高白斎記』これらばかりが論拠として挙げられている武田氏関係の著作と出会ったら、「手堅いな（楽をしやがったな）」と思って間違いはない。

このような、堅実と横着が分離しがたく癒着している状態、もっと言えば、堅実さを言い訳にした怠慢を、黒田は批判している。

堅実な方法ありきで研究をする限り、用いる史料が限定される。史料が限定されるので、引き出す情報が限定される。情報が限定されるので、論じるテーマが限定される。テーマが限定されるので、一定の研究視角に押し込まれてしまい、画一的な歴史叙述の反復と微調整に終始してしまう。多面的かつ多層的な、豊かな歴史叙述に至れないのである。

これではいけないと黒田は言っている。

独創的な研究課題を設定すれば、独自の研究視角を持つようになり、新たな研究方法を確立する必要に迫られる。それまで扱ってこなかった史料も用いるようになり、そのためには新たな史料批判の方法が求められ、それにより、顧みられることのなかった史料にも光があたり、歴史学の可能性が大きく拡がっていく。

このようなスケールで研究に挑んだ者がいなかったことを指して、黒田は、研究者側の「構想力の貧困」と言っているのである。

自己批判のための研究でもあると宣言した黒田であるから、ここでの「研究者の側」には自身も含まれているのだろう。「構想力の貧困」を克服し、歴史学の新たな可能性を模索すべく、黒田は自ら『甲陽軍鑑』を用いて研究を開始した。その詳細は黒田の著書『『甲陽軍鑑』の史料論――武田信玄の国家構想』を読んでいただくのが一番なのだが、その中から一つだけ紹介したい。黒田の著書では第二章に配置されている論文で、「桶狭間の戦いと『甲陽軍鑑』」という題がつけられている。歴史学においては『信長公記（しんちょうこうき）』を用いて論じられてきた桶狭間の戦いを、『甲陽軍鑑』を用いて論じ、新説を提示したものである。

まず黒田は桶狭間の戦いにまつわる研究史を整理した。それを要約すると、研究史は次のような流れになる。

陸軍参謀本部編『日本戦史・桶狭間の役』による定説が永く君臨したところへ、藤本正行による新説が提唱され、現在は基本的に藤本説が支持されるようになっているが、その藤本説への再検討の必要を示唆する論考も存在する。

参謀本部を出所とする従来の定説とは、迂回奇襲説である。上洛を目指して西上した今川義元が、窪地の底に陣を敷き、信長に奇襲されて討ち取られてしまうという、有名な説である。この説の論拠となっているのは『甫庵信長記（ほあんしんちょうき）』や『桶狭間合戦記』であり、つまりは使用に際して相当な注意を必要とする史料である。そうした史料をほぼ鵜呑みにすることで成立したのが迂回奇襲説であり、藤本はその問題点を指摘して、新説を提唱した。

藤本の新説は、正面攻撃説である。詳細は藤本の著書『信長の戦国軍事学』（JICC出版局、一九九三年、後に『信長の戦争』講談社学術文庫、二〇〇三年）を参照していただくとして、その要点のみを説明したい。

藤本は『信長公記』に拠って桶狭間の戦いを検討した。桶狭間の戦いについて信頼できる唯一の史料が『信長公記』だからである。旧説との一番の違いは、信長が義元に対して正面攻撃をかけたとする点である。藤本がその著書で説明しているように、『信長公記』の記事を読む限り、迂回して奇襲をかけた状況は全く想起されず、むしろ正面から攻撃をかけたとしか解釈しようがない。さらに、やはり『信長公記』を読む限りは、義元が谷間の低地にいたというのも疑わしい。というのは例えば、織田側の鷲津・丸根の両砦を陥落させたとの報せを受けて義元が謡（うたい）をうたわせたのが「おけはざま山」であり、そこへ迫る信長軍の様子を「山際迄（やまぎわまで）御人数寄せられ候の処」と表現する記述である。素直に読めば、山の上にいる義元に、その麓から信長が迫っていったと解釈される（桶狭間山であるから、山頂と言うよりは丘陵上と言った方が実態に近いが）。

基本史料である『信長公記』と全く嚙み合わない以上、迂回奇襲説の信憑性は低く、逆に基本史料に拠って立つ藤本の説は、説得力がある。現在、桶狭間の戦いについては、藤本の正面攻撃説が支持されている。

黒田は基本的には藤本の説を認めつつ、一部に再検討の余地があるとする。それは、藤本が述べる正面攻撃の具体相である。

藤本の説では、正面攻撃をかけた信長が最初に戦った今川勢を「前軍」とし、その後方に旗本と義元がいたとする。「前軍」が思いのほか簡単に崩されたため、今川の旗本は退却を開始、それを信長軍が追撃し捕捉、攻撃中に義元に狙いを定め討ち取った、という戦闘経過を論じている。

黒田は、正面攻撃の開始を述べる『信長公記』の記述、「山際迄御人数寄せられ候の処」に着目した。『信長公記』は、単なる移動による接近と、戦闘を伴う接近を異なる表記で書き分ける。「寄せ」「寄せられ」「寄せさせられ」「御人数寄せられ候」は前者であり、戦闘を伴わない接近である。戦闘しながらの接近の場合には、「攻め」「攻上り」「攻入る」「攻落し」「攻懸り」「攻込む」「攻めさせられ」「攻干し」「攻め申し」「攻破り」「攻寄る」「攻められ」などの表記となる。したがって、黒田の着目した記述は、戦闘を伴わない移動だったと推測される。となると、信長は義元に正面から迫ったにもかかわらず、戦闘をすることなく、「おけはざま山」の「山際」まで移動したことになる。つまり、藤本の言う「前軍」は、簡単に崩れたのではなく、そもそも戦闘していなかったことになる。では、何をしていたのだろうか。

この点について、黒田は『甲陽軍鑑』を用いて論じた。『甲陽軍鑑』には桶狭間の戦いにまつわる記事が豊富にある。桶狭間の戦いがあった永禄三（一五六〇）年当時、武田氏と今川氏は友好関係にあり、武田家中には今川軍の情報を持つ山本勘助もいた。黒田は、『甲陽軍鑑』には、今川義元の敗死について虚偽の記述をする動機がないとし、さらに信長の立場に立った『信長公記』とは異なる立場の史料が必要であると述べ、桶狭間の戦いを論じる際に『甲陽軍鑑』を用いることの有用性を説いている。

『甲陽軍鑑』の記事をもとに黒田が再現した桶狭間の戦いは、次のようなものである。

今川勢は明け方から攻撃を開始し、午前十時頃に鷲津と丸根、織田側の二つの砦を陥落させた。足軽合戦をしかけてきた佐々と千秋（いずれも織田家中。迂回奇襲説ではこの両名は信長の奇襲を成功させるための陽動部隊、正面攻撃説では単なる抜け駆けとする）の部隊も圧倒した。この段階で、当時の通念としては、この日の戦闘は今川の勝利で終わるはずであった。したがって今川勢は、当時の常識として、思い思いに乱取（らんどり）に出掛け、部隊が散開していた。さらには非常に蒸し暑かったため、旗本や小姓たちから音をあげる者が出るなど、義元の本陣には明らかな油断があった。ただこれも無理からぬことで、二万の今川勢は既に二つの砦を砕き、残る織田側の砦は三つ、信長の兵数は八百、翌日には粉砕できると思うことに何の無理もない。

今川勢が乱取に出掛けたのを見切った信長は、八百の軍勢を今川勢に混じり込ませて義元の本陣に接近した。そして、油断し、ばらけた状態の本陣を攻め、義元を討ち取ったのである。

これが黒田の再現した桶狭間の戦いである。

『甲陽軍鑑』の記述は、もっぱら今川勢の様子を記すものであり、この点で『信長公記』と異なる。黒田は、敵に紛れ込んで接近した信長軍の姿を描きたくなかったのだろうと述べ、太田牛一（ぎゅういち）が故意にこの部分を端折って『信長公記』を書いたと推測する。そして、『信長公記』で省略されている部分を『甲陽軍鑑』で補うことにより、織田と今川双方の様子を検討することが可能になると述べている。

黒田は、自身の描き出した桶狭間の戦いを、乱取状態急襲説と命名した。この説の妥当性は今後検討されていくと思われ、その過程で、『甲陽軍鑑』の史料としての性格や信頼度も、議論の俎上にのぼるだろう。

史料としての『甲陽軍鑑』を蘇らせたいという黒田の目的が達せられることを、筆者も願っている。

さて、黒田のこの論文は、『甲陽軍鑑』の史料的価値を再評価しようとする連作論文の一つである。『信長公記』のみに依拠して議論されてきた桶狭間の戦いについて、『甲陽軍鑑』を用いた議論を披露し、新説を提唱したものである。その中で、黒田は『甲陽軍鑑』の有用性を論じている。一方で、藤本説への反論にはやや不徹底な面もあるように思われる。それは、信長の戦術面への評価である。

藤本は、桶狭間の戦いにおいて、信長には奇襲の意図がなかったと論じている。結果的に奇襲の様相を呈することと、戦術的意図をもって奇襲を試みることは別だとし、『信長公記』から再現される合戦の様子からして、奇襲作戦ではなかったと断言している。

黒田の乱取状態急襲説を採る場合、信長の戦術意図はどのように解釈すべきだろうか。黒田がこの点について述べれば、藤本説への強力な反論になったと思うのだが、黒田の目的は史料としての『甲陽軍鑑』の再評価であり、戦術面については藤本と対決する素振りもない。おそらく、黒田からするとその必要がないのだろう。

黒田のこの論文は、桶狭間の戦いを研究する上で『甲陽軍鑑』が欠くべからざる必須の史料であることを示したもので、この一点をもってしても重要な研究である。しかしそれだけでなく、信頼度の高い史料『信長公記』に依拠したほとんど唯一無二の有力仮説だった藤本説に、明瞭な対案を提示した点でも極めて重要な研究である。

藤本説と黒田説とを比較し、信長の戦術意図に違いがないのであれば、黒田説は藤本説の補正となり、両説は共存する可能性もある。しかし戦術意図が異なるのであれば、藤本の論旨の主たる部分において共存できないことになり、黒田説は藤本説への反論となる。

乱取状態急襲説を採った場合、信長の戦術意図はどのように解釈されるのか。

まずそれぞれの兵力数である。『信長公記』では今川四万五千に対し織田二千足らず、『甲陽軍鑑』では今川二万に対して織田八百（「千より内の人数」と書く箇所もある）である。軍役から推定される今川の最大動員兵力は二万五千とされているので（因みに『甲陽軍鑑』は二万四千としており、かなり正確である）、『信長公記』のいう四万五千は誇張だろうが、織田家中の体感ではそれほどの圧倒的兵力として認識されたのかもしれない。乱取状態急襲説を採る、すなわち黒田説に立つことを前提とする議論なので、ここでは『甲陽軍鑑』を採用し、今川二万、織田八百とする。

信長から見た義元は、自軍の二十五倍の兵力を有していることになる。

信長の八百が行動を開始した時点までの戦況は両説一致している。すなわち鷲津と丸根の砦が落ち、佐々と千秋が蹴散らされて、信長は圧倒的劣勢に立たされていた。

黒田説では、ここから今川勢の乱取が始まり、信長の八百がそれに紛れ込みながら義元の本陣を目指す。当然、旗指物など、織田家中とわかるものは持たなかっただろうし、場合によっては今川軍のそれを用いて擬態したとも考えられる。こうした成り済まし行為は、敵に包囲された城や砦から外に出る場合、または外からそこへ入る場合に行われていたようである。

ただし、使者に選ばれた者が単独またはせいぜい数名で決行するのが常であり、二万の敵中を八百が歩いて敵の大将を目指した例は筆者の知る限りない。使者の出し入れであれば、例えば鳥居強右衛門であり、本稿で紹介した中では高柳光寿の『長篠之戦』で取り上げられている。強右衛門は武田兵に成り済まして長篠城から脱出し、信長の救援を呼ぶのに成功したが、それを仲間に報せるため長篠城に戻ろうとしたところを捕まり、磔(はりつけ)になった。単独でもこうであるから、八百が一丸となって移動したのではすぐに見つかっただろう。おそらくこの八百は、多くても数人、あるいは一人になって今川勢に紛れ込み、それぞれが義元の本陣を目指したと思われる。

八百で二万に対峙するのであるから、まともに戦ったのでは勝負にならない。ここまで戦力差があるのであれば、寡兵(かへい)を束ねて挑むよりも、自らほどいて奇兵にしてしまった方がまだ分がいいと判断したのだろう。乱取に紛れて移動している間、信長の八百は部隊としては戦うことができない。戦闘せずに義元に接近するための作戦であり、感知されぬまま攻撃を加えようとしている点では奇襲作戦である。

信長の八百はまんまと義元の本陣に接近した。油断した小姓や旗本しかいない本陣を襲い、義元を討ち取った。その後は「早々なるみへかゝり、しかも本道を、義元衆にまぎれ、信長公帰陣也」ということなので、勝ち鬨(かちどき)をあげたりせず、今川勢の振りをして引き上げたのだろう。義元の討死が今川全軍に知れ渡るまで時間がかかったとも考えられる。

これは奇襲攻撃と言えばそうであるが、より正確に表現すれば、暗殺である。この暗殺は、偶発的に生じた事態ではなく、信長の能動的な活動の結果である。何か他の目的のために乱取に紛れて義元の本陣を目指したのだが、結果的に義元を討った、と理解するのは難しい。乱取に紛れて義元の本陣を目指そうとした時点で、信長は義元の暗殺を狙っていたと考えるべきである。であれば、その戦術意図は奇襲、さらには暗殺である。

信長の戦術面については、藤本説と黒田説は相容れないということである。

ところで、義元は何のために信長と戦ったのだろうか。藤本は桶狭間の戦いを、織田と今川の境界争いであると論じ、それまでの義元西上説を否定した。仮に境界争いだとするならば、信長が義元をピンポイントで殺しにかかったことに、合理的な説明はつくのだろうか。義元の嫡男氏真（うじざね）は当時二十二歳である。『甲陽軍鑑』によれば、武人としては全く見所のない無能な男だったようであるが、それでも義元の嫡男であり、今川家の跡取りである。

今川軍は二万の大軍で戦端を開き、松平元康が丸根砦を、朝比奈泰朝が鷲津砦を、すでに陥落させている。氏真が父の弔い合戦だと号令すれば、中嶋砦はすぐに落ち、その日のうちに鳴海城は今川の前線拠点となっただろう。翌日には、清洲城が脅かされる事態になったのではないだろうか。

信長が義元の暗殺を企図したのはなぜだろうか。八百で二万に勝てるはずはないのであり、どうせ滅ぶなら義元の本陣に切り込んで華々しく散ろうという、破れかぶれの発想だったのだろうか。そうだとすれば、そこには合理的な議論の余地はないのであり、そのままに受け入れるより他ない。もし合理的な理由があるのだとすれば、義元を討つことで今川軍の運動を止められると判断したことになる。つまり、義元さえ死ねば今川軍二万の目的が頓挫すると判断したのである。であれば、今川と織田の境界争いよりも、義元西上の方が、衝突の理由としては収まりがいい。義元の生死にかかわらず両家の境界争いは存在する一方で、義元が死んでしまえば義元の西上は叶えようがないからである。京の都を遥かに越え、義元は西方浄土へ逝ってしまった。彼の目的が何だったのか、ここで断定的に論じることは難しい。

信長は義元を討ち取った。そのことで、結果的に今川軍は止まった。

しかしその討ち取り方が、当時の一般的な価値観に照らすと不格好なものだったため、太田牛一は戦の一部分を、おそらく故意に端折って『信長公記』に記した。

『甲陽軍鑑』には、信長の面目を慮る理由がない。二万の将兵を率いた義元が、どうして八百の信長に討ち取られたのか、その理由を探し求めるかのごとく、戦の様子を詳らかに記している。

その記事には、『信長公記』の空白を埋めるものもあり、黒田の主張する通り、桶狭間の戦いを研究する上で、欠くことのできない好史料である。

『甲陽軍鑑』を用いることで、日本中世史、とりわけ戦国時代の研究にどのような変化が生じるのか。その一例として黒田の論文を紹介した。『甲陽軍鑑』の記事の豊饒さ、『甲陽軍鑑』という史料の可能性、その一端を感じ取っていただければ幸いである。

結び

『甲陽軍鑑』の偽書説にまつわる研究史を紹介してきた。明治二十四年、田中義成の「甲陽軍鑑考」によって偽書の烙印を押された『甲陽軍鑑』が、その後どのような扱いを受けてきたのか、努めて平易に紹介したつもりである。戦前も戦後も、時の学会を代表する研究者らによって偽書説が支持され、そして再生産されてきた経緯が了解されたのではないだろうか。それらの研究の結論だけでなく、論拠やロジックの部分についても紹介し、今日まで続く偽書説が、純粋な学術研究の産物とは言い難い面を持っている点を示したつもりである。

『甲陽軍鑑』は、不思議な運命を負った史料である。

高坂弾正昌信、大蔵彦十郎、春日惣次郎、彼ら著者の、『甲陽軍鑑』を完成させようとする熱意には並々ならぬものがあった。弾正は長篠における武田軍の敗戦を受けて作成を開始し、彼が没するまでのわずか三年の間に『甲陽軍鑑』の大部分を成立させている。弾正の死後これを書き継いだ春日惣次郎は、武田家が滅んだ後も執筆を続けた。一方で、自分の命が長くないことを理解していた。

此書物かきつぎたる我等ハ、春日惣次郎と申候。川中嶋衆皆、景勝公へめし出され候へ共、我等ハ甲州くづれの時分、越中へ罷越(まかりこし)候ゆへ、景勝へ御抱(おかかえ)の衆にはづれ候。らう〳〵いたし、佐渡のさわだといふ在郷におゐて、是をかきおき、三十九歳の極月(ごくげつ)より、しやくをわづらひ、ちやう四十のとし三月中じゆんにしするなり。仍如レ件(よってくだんのごとし)。

天正拾三年乙酉三月三日

高坂弾正内
春日惣次郎書レ之

巻二十（『甲陽軍鑑大成』本文篇下、一九四頁下段）にこのように記してある。病のため、自身の命がもう長くはないことを悟っていた惣次郎は、『甲陽軍鑑』を小幡下野守に託した。小幡下野守とは小幡光盛、弾正の副将として海津城を守った人物である。後に『甲陽軍鑑』は、光盛から景憲へ渡る。大叔父である光盛から『甲陽軍鑑』を譲り受けた景憲は、傷みの激しい原本をよく見ながら、真剣に、誠実に、写本を作成した。さらに『甲陽軍鑑』を源泉に甲州流兵学を確立し、その大成者として活躍する。『甲陽軍鑑』は甲州流兵学の教典として重んじられるようになった。

ところが明治二十四年、田中の「甲陽軍鑑考」で事態は一変してしまう。『甲陽軍鑑』は偽書とされ、景憲は偽書を綴輯(てつしゅう)して弾正を騙った下劣な人物に貶(おとし)められた。その後、歴史学においては『甲陽軍鑑』や景憲の名誉が回復されることはなく、偽書説は今日なお揺るぎなく支持され、支配的地位を堅持している。

田中の「甲陽軍鑑考」、それを支持してきた後続の研究、それらの内容が、決して説得力を持ったものではないことを、本稿は示したつもりである。

本稿は研究史の紹介であると同時に、『甲陽軍鑑』が負った数奇な運命の物語でもある。その一部分は小幡景憲の物語であり、彼の名誉はいずれ、『甲陽軍鑑』の汚名が雪がれるとともに回復されるだろう。

さらに一部は、山本勘助の物語でもある。『甲陽軍鑑』にのみ活躍する勘助は、偽書説では山県昌景の一部卒に過ぎないと軽んじられ、さらには実在しない虚構の存在とまで言われた。勘助が実在し、晴信の信任を得た直臣だったことを示す史料として、本稿では「市川文書」を紹介したが、その後、勘助にまつわる史料は複数発見されている。その詳細は『「山本菅助」の実像を探る』（海老沼真治編、戎光祥出版社、二〇一三年）にまとめられており、これは、山本勘助（史料上は「菅助」の表記である）とその子孫たちにまつわる研究書としても、新出史料の収載された史料集としても、重要かつ貴重な一冊である。「市川文書」の時点で勘助を虚構とする説は不成立となったため、新出史料は偽書説とは直接には関与しない。そのため本稿で取り上げはしなかったが、筆者は初めてこの本を、そして収載された史料を読んだ時、何度か手が震えた。今後、山本勘助の研究はこの『「山本菅助」の実像を探る』を基礎として新たな段階に踏み出すだろう。偽書説のとばっちりで傷つけられた勘助の名誉も、次第に回復されていくはずである。

最後に、田中が指摘した偽書たる根拠七点について、その後の研究でどうなったのかを再確認したい。

(1) 天文十年に信虎が民心を失い、国を治めることができなくなったため、晴信はやむを得ず信虎を駿河に送り、今川義元に托した。これは信虎も承諾していたことである。これらは信虎と義元の書簡や『妙法寺記』、諏訪神社の記録から明らかである。

しかし『甲陽軍鑑』はこの出来事を天文七年とし、晴信が信虎を追放したとしている。

これは戦前、渡辺世祐によって否定され、『甲陽軍鑑』の記述が正しい（ただし年号は『妙法寺記』の天文十年が正しい）と示された。

(2) 晴信が村上義清を破って信濃北部を領有したのが天文二十二年であることは『妙法寺記』『二木寿斎記』により詳らかになっている。

しかし『甲陽軍鑑』はこれを天文十四年としている。

田中の指摘の通りである。

(3) 晴信が小笠原長時を破って信濃南部を領有したのが天文十八年であることは『二木寿斎記』『小笠原歴代記』に書いてある。

『甲陽軍鑑』は天文二十二年としている。

これも田中の指摘が正しい。

（4）『甲陽軍鑑』によれば、晴信が剃髪して信玄と名乗るようになったのは天文二十年二月である。しかし永禄元年閏六月十日までの文書には晴信とあり、永禄二年十一月の文書から信玄と書いてある。このことから晴信が信玄となったのは永禄初年である。また、信玄の晩年に書かれた肖像画には僅かながら髪がある。剃髪は死の二、三年前ではないか。

これは渡辺によって否定されたと筆者は考えているのだが、黒田日出男は渡辺の研究を挙げ、田中の指摘には「問題がある」と述べている（黒田日出男『『甲陽軍鑑』の史料論――武田信玄の国家構想』校倉書房、二〇一五年、三六―三七頁）。否定されたのではなく、物言いが付いた状態だとの判断である。

ここに見える田中の主張は二つである。まずは年号の誤りで、晴信が信玄と名乗るようになった時期が、『甲陽軍鑑』の記す天文二十年二月ではなく、永禄初年であるということ。次に内容の誤りで、晩年の肖像画を根拠にし、信玄と名乗るようになった後も剃髪をしていなかった、すなわち、信玄と名乗るようになることと、剃髪とは、別個の出来事である、という主張である。

対して渡辺の結論は、永禄二年に晴信が長禅寺にて法衣を授かり、除髪して法名（信玄という名）を得、戒を受けた、というものである。渡辺は、法衣・除髪・法名・戒をセットにしているのである。恵林寺や長禅寺の史料を紹介し、「信玄が長禅寺で法衣を授かり、除髪して法名を得、戒を受けたことが明白となるのである」とした上で、その時期については永禄二年とした渡辺の研究をどう評価するかである。
⑴を否定したのと同様で、年号に誤りはあるものの内容については『甲陽軍鑑』が正しいと述べているのだから、やはり⑴と同じく、これによって田中の指摘は否定されたと評価すべきではないだろうか。

⑸『甲陽軍鑑』には、信玄の遺体を諏訪湖に沈めたと書いてある。
しかし信玄の墓は甲斐の恵林寺にある。

有馬成甫の指摘の通りであり、『甲陽軍鑑』には、諏訪湖に沈めなかったと書いてある。田中が『甲陽軍鑑』を読み誤ったのだろう。

⑹大内氏の滅亡は天文二十年である。
しかし『甲陽軍鑑』の中で山本勘介は天文十六年と言っている。

田中の指摘は合っている。しかし黒田は『甲陽軍鑑』の史料的性格を考慮すれば誤謬とすべきでないとする。つまり、『甲陽軍鑑』は、遠国については情報の精度が低く誤謬の可能性があると断っているのだから、大内氏に関する記事で年号が誤っているのだと難詰するのはお門違いだというのである。史料の性格を踏まえた正常な見解であり、黒田の指摘を支持したい。

(7) 松永久秀が亡ぶのは天文五年である。
『甲陽軍鑑』の中で高坂弾正は天正三年と言っている。

黒田の言う通り、松永久秀が滅ぶのは天正五年である。『甲陽軍鑑』の言う天正三年も間違いだが、田中の天文五年も間違いである。情報の精度が低いと断っている『甲陽軍鑑』は、史実と二年のずれを持つ。それを咎めて責め立てる田中は四十一年ずれている。おそらく、天文と天正を勘違いしただけだろうが、このことは、人間が年号を誤る生き物であることを示していると思う。東京帝国大学教授田中義成博士ですら、しかも論文の中ですら年号を誤るのである。思い出しながら口述筆記した『甲陽軍鑑』が誤っていても、何の不思議もないのである。

この年号の誤謬を咎め、「甲陽軍鑑考」を責めることは可能である。例えば、史実と四十一年もずらした記述が論文に出てくるはずはないので「甲陽軍鑑考」は偽書・偽文書の類いである、とか。東京帝国大学教授田中義成博士がこのような稚拙な誤りを犯すはずはないのであるから、この「甲陽軍鑑考」は、「文」と「正」を見分けることもできない無学な何者かが田中義成に仮託して作った偽の論文だろう、とか。こうした論陣を張ることは可能である。可能であるが、それは可能なだけであり、事実ではない。妥当性や蓋然性を考慮すれば、机上で理屈をこねくり回しただけの戯言だとすぐにわかるはずである。「天文五年」と書く「甲陽軍鑑考」の作者は田中義成であり、「天正三年」と書く『甲陽軍鑑』の作者は高坂弾正である。どちらも後世の偽作ではない。

それぞれの論拠や論旨については、本稿で紹介した箇所を参照していただきたい。そして偽書であるか否か、研究史を追ってきた読者一人一人が検討し、結論を出していただければ幸いである。結びであるので、筆者の結論を述べておく。

『甲陽軍鑑』は偽書ではない。

あとがき

五十数年前、思いがけず中国哲学を専攻することになった私は、卒論のテーマに『孫子』を選んだ。『孫子』を始めとする中国兵学を研究するうち、日本兵学はどうなっているんだろうとの疑問を持った。そこで大学院に進んでから『甲陽軍鑑』を読んでみたが、最初は大いに失望した。なぜなら『甲陽軍鑑』の記述は、個々の合戦の次第を書いたいわゆる軍記が大半を占め、『孫子』や『呉子』、『尉繚子』『六韜』のように、純粋に軍事理論を説く内容ではなかったからである。これでは両者の比較は難しい。

だが気を取り直して何度も読み返すうちに、そこには中国兵学とは異なる独自の価値観、すなわち戦国の世を生きた東国武士の精神が語られているのだと気付いた。そこで日本思想史的な興味から、『甲陽軍鑑』で論文を書こうと思い立ったのだが、いろいろ調べていくうちに、日本の中世史の分野では、『甲陽軍鑑』は完全に偽書扱いされ、軍師山本勘助は、その実在さえ疑われている状況を知った。

ちょうどその頃、同期の国史の院生が、国史の世界では学界のボスが、ある時代やテーマを研究する際、使って良い史料と使っては駄目な史料を指定し、そこからはずれると、全く相手にされず無視されたり、史料批判がなっていないと非難されたりするのだと語りかけてきた。その院生は、これぞ内なる天皇制だとぼやいていたが、私はなるほど、だから『甲陽軍鑑』はいつまでも偽書扱いされているのだと得心がいった。

大学院を出て三十歳で島根大学教育学部に就職した。そこでいよいよ『甲陽軍鑑』で論文を書こうと決意した。国史ならぬ門外漢の私が、『甲陽軍鑑』で論文を書いて、無視されようが非難されようが、私の将来には何の関係もないとの気楽な気分からであった。当時はすでに北海道で市川文書が発見されており、『甲陽軍鑑』は偽書ではないとの確信も手伝って、三十四歳のとき、『島大国文』第八号（一九七九年）に、「『甲陽軍鑑』の兵学思想——上方兵学との対比」と題する論文を発表した。

その後四十一歳のときに母校の東北大学に移ったが、時折り大学で中世史を専攻していた息子の史拡（ふみひろ）と、夕食後に『甲陽軍鑑』偽書説について、憤りを込めて語り合うことがあった。今回、ふとしたきっかけで、私の『孔子神話』や『古代中国の言語哲学』『古代中国の宇宙論』（いずれも岩波書店）などを担当された中川和夫氏（現在はぷねうま舎）から、『甲陽軍鑑』で原稿を書くよう依頼を受けた。

そこで学説史の部分は、私よりはるかに詳しい史拡に任せて、私は理解の便宜を図って旧稿を手直しするという、分業体制を取ることにした。親子二代にわたって『甲陽軍鑑』に関わってきたが、そろって偽書たる『甲陽軍鑑』に騙された、馬鹿な親子だとの譏りを受けるかも知れない。それを覚悟の上で本書の出版に踏み切ったのは、偽書の烙印を押され続けてきた『甲陽軍鑑』の汚名を雪ぎたいとの一念からである。

二〇一六年　六月七日

浅野裕一

佐渡
越後
春日山
川中島
海津
下野
上野
常陸
信濃
武蔵
下総
甲斐
相模
小田原
上総
駿河
遠江
伊豆
安房
三方原

合戦地
能登
越中
加賀
飛騨
越前
美濃
丹後
若狭
姉川
因幡
但馬
岐阜
尾張
丹波
京都
近江
長篠
上月
桶狭間
三河
播磨
摂津
山城
伊賀
河内
淡路
伊勢

『甲陽軍鑑』の成立

天文十（一五四一）年

武田信虎、駿河に追放される。

武田晴信、武田家の当主となる。

天文二十二（一五五三）年

第一回川中島合戦。

弘治元（一五五五）年

第二回川中島合戦。

弘治三（一五五七）年

市河藤若、長尾景虎の猛攻に耐え、晴信より書状を貰う。使者は山本勘助。

第三回川中島合戦。

永禄三（一五六〇）年

桶狭間の戦。今川義元敗死。

海津城築城。高坂弾正と小幡氏が城将と副将の関係となる。

永禄四（一五六一）年

第四回川中島合戦。山本勘助討死。

永禄七（一五六四）年
　第五回川中島合戦（直接戦闘には及ばず）。
元亀三（一五七二）年
　小幡景憲生まれる。
　三方原の戦（十二月二十二日）
元亀四（一五七三）年
　武田信玄没（四月十二日）
　改元して天正（七月二十八日）
天正三（一五七五）年
　信玄三回忌法要。
　長篠の戦（五月二十一日）
　『甲陽軍鑑』作成開始。
　次の部分がこの年のうちに成立。
　・巻一と巻二（口書と目録、品一からの本文）
　・巻三―巻六（四君子犛牛巻）
　・巻九―十一（合戦之巻一と同二の上下）
　・巻十四と十五（石水寺物語上下）
　・巻十七と十八（公事之巻）
天正四（一五七六）年

信玄の葬儀。
『甲陽軍鑑』
・巻十二と十三（合戦之巻三と四）成立。
天正五（一五七七）年
『甲陽軍鑑』
・巻八（軍法上巻）
・巻十六（軍法之巻下）
・巻十九（勝頼記上）
天正六（一五七八）年
高坂弾正没（五月七日）
『甲陽軍鑑』
・巻七（品十五之六以降の本文、後半は散逸している）と末書の大半もこの時点までには
成立していたと思われる。
天正十（一五八二）年
甲州崩れ　三月十一日　武田勝頼自刃。
武田遺臣の多くが徳川家に召し抱えられる中、一部（川中島衆の多く）は上杉氏
に迎えられる。小幡光盛、市河藤若は上杉家臣となる。
六月二日　本能寺の変
十二月　小幡景憲、十一歳で小姓として徳川家に召し出される。

天正十三（一五八三）年
　春日惣次郎絶筆。
　『甲陽軍鑑』
　・巻二十（勝頼記下）成立。末書も成立。
天正十四（一五八四）年
　『甲陽軍鑑』
　・小幡下野守らが書き加えて最終成立。
慶長五（一六〇〇）年
　関ヶ原の戦。小幡景憲、井伊家の備えを借りて戦う。
慶長十九（一六一四）年
　十月、大坂冬の陣。
慶長二十（一六一五）年
　四月、大坂夏の陣。
　小幡景憲、徳川家直参となる。
　改元して元和（七月十三日）
元和七（一六二一）年
　四月、小幡景憲、『甲陽軍鑑』の写本を完成させる。
　七月、小幡景憲、新たに『甲陽軍鑑』の写本を作り、毛利秀元に進上。

浅野裕一

1946年，仙台市生まれ．東北大学名誉教授．中国哲学専攻．『黄老道の成立と展開』（創文社，1992），『孔子神話』（岩波書店，97），『孫子』（講談社学術文庫，98），『儒教 ルサンチマンの宗教』（平凡社新書，99），『古代中国の言語哲学』（岩波書店，2003），『戦国楚簡研究』（台湾・萬巻樓，2004），『諸子百家』（講談社学術文庫，2004），『古代中国の文明観――儒家・墨家・道家の論争』（岩波新書，2005），『図解雑学 諸子百家』（ナツメ社，2007），『古代中国の宇宙論』（岩波書店，2008），『上博楚簡與先秦思想』（台湾・萬巻樓，2008）ほか．

浅野史拡

1980年，島根県出雲市生まれ．2009年，東北学院大学大学院文学研究科博士前期課程修了（日本中世史専攻）．

『甲陽軍鑑』の悲劇
――闇に葬られた信玄の兵書

2016年7月22日　第1刷発行

著　者　浅野裕一（あさのゆういち）・浅野史拡（あさのふみひろ）

発行者　中川和夫

発行所　株式会社ぷねうま舎
〒162-0805　東京都新宿区矢来町122　第二矢来ビル3F
電話　03-5228-5842　　ファックス　03-5228-5843
http://www.pneumasha.com

印刷・製本　株式会社ディグ

©Yuichi Asano, Fumihiro Asano. 2016
ISBN 978-4-906791-59-0　　Printed in Japan

書名	著者	判型・頁数	本体価格
折口信夫の青春	富岡多恵子・安藤礼二	四六判・二八〇頁	本体二七〇〇円
この女(ひと)を見よ ——本荘幽蘭と隠された近代日本——	江刺昭子・安藤礼二	四六判・二三二頁	本体二三〇〇円
安寿——お岩木様一代記奇譚	坂口昌明	四六判・三〇四頁	本体二九〇〇円
津軽 いのちの唄	坂口昌明	四六判・二八〇頁	本体三二〇〇円
ダライ・ラマ 共苦(ニンジェ)の思想	辻村優英	四六判・二六六頁	本体二八〇〇円
この世界の成り立ちについて ——太古の文書を読む——	月本昭男	四六判・二一〇頁	本体二三〇〇円
幽霊さん	司 修	四六判・二一〇頁	本体一八〇〇円
グノーシスと古代末期の精神 第一部 神話論的グノーシス	ハンス・ヨナス 著 大貫 隆 訳	A5判・五六六頁	本体六八〇〇円
グノーシスと古代末期の精神 第二部 神話論から神秘主義哲学へ	ハンス・ヨナス 著 大貫 隆 訳	A5判・五六六頁	本体六四〇〇円

——— ぷねうま舎 ———

表示の本体価格に消費税が加算されます

2016年７月現在